Sunny 文庫

179

人類AI
複合體經濟

全球數據財富權力的深度重塑

柳振浩◎著

前言

5G時代，數位經濟商業文明的全球深度塑造

　　中美貿易衝突背景下，數位化商業文明將成爲未來世界的爭奪熱點。與5G技術結合的人工智慧，數位化貨幣金融，數位化商業經濟體系，將成爲未來的核心競爭力。

　　歐盟2021年6月推出數位身份證錢包系統，就是我去年書裡提出的超級個人APP機制的重要部分功能，這說明中國可以完全獨立創新。

　　歐委會表示，使用者可在「數位身份錢包」中存儲和管理個人身份資料，並通過「數位身份錢包」關聯駕照、文憑、醫療處方、銀行帳戶等資訊。使用者可自主決定通過「數位身份錢包」分享哪些個人資訊，不必擔心與相關線上服務無關的個人資訊洩露，現在看歐盟已經把它當做強制標準：歐委會提出的方案，歐盟不會強制要求成員國居民和企業使用「數位身份錢包」，但提供線上服務的私營或公共機構必須接受「數位身份錢包」。

　　對於當前嚴重的資料安全問題來說，超級個人APP的數位身份錢包機制，將成爲未來世界資料安全的防火牆，並成爲重塑互聯網的重要機制，同時也會給大量中小企業提供新的數萬億機遇。

在未來，有十幾億個人APP節點構成網狀結構，互相協作，形成一個數位時代的超級智慧複合體，沒有壟斷性的互聯網公司及個人控制超級AI複合體。每個人、每個公司利用自己技能輸出，在超級AI複合體經濟獲得衣食住行，打破所有行業隔閡。

AI超級複合體建立在生物科學基礎之上，是數位科技在社會學中的應用，也是一種全球領先的社會經濟學文明的升級模式，在AI複合體中個人、企業與政府的關係類似於人體細胞，功能器官與人體關係，AI複合體依靠系統化數位協作，將誕生數萬億以上的市場價值，同時AI複合體可以做為中國向世界輸出的一種先進的經濟文明模式。

這是一個科技不斷進化、生產力逐漸增強，但世界經濟依然矛盾重重的時代，這是一個世界經濟需要新文明的時代，需要新的經濟文明來適應新的生產力及個人需求，以及自然環境的變化影響。

5G 技術的特點是「萬物互聯，高速率、低延遲」。在未來全球數十億人口、數億個家庭、數千萬個工廠商業店面、數千億的萬物互聯，與數位化驅動技術、即時大數據、邊緣計算、邊緣存儲、雲計算、區塊鏈、人工智慧融為一體。

未來，基於5G數位化的經濟體系將深刻影響全球，全球化數位治理，必然深度影響世界。

5G 數位化時代的個人、公司機遇在哪裡？

5G 時代互聯網經濟將面臨什麼樣的場景塑造？如何解決個人隱私、資料權力問題？如何解決人工智慧造成的大量人員失業問題？電商與傳統行業的未來趨勢這哪裡？

如何解決傳統經濟與互聯網經濟帶來環境生態持續化問

題？

這本書集合了作者二十多年的經濟學、互聯網經濟和數位貨幣、社會學、生物學跨界綜合知識，得出從超級帳戶（個人APP）到微觀數位貨幣發行機制，AI複合體經濟等系統方案，從底層構建金融科技，傳統經濟學與互聯網經濟之間的關聯。

十二年前，2007年8月2日，我在博客發表一篇文章，闡述央行主導下的數位貨幣原理，比中本聰的研究整整早了一年。

現在數位貨幣、騰訊區塊鏈發票系統、區塊鏈金融支付等應用，都有這篇文章的影子。

2019年6月18日，全球知名社交互聯網公司臉書推出數位貨幣計畫，引發全球矚目。

2019年8月，央行接連發佈訊息，央行數位貨幣呼之欲出，因為微信與支付寶，中國成為世界上金融移動科技最發達的國家，中國央行數位貨幣發行計畫，也成為世界上第一個由國家主導的數位貨幣。

本書提出央行主導下的微觀數位貨幣發行機制，解決了宏觀經濟與微觀經濟結合的問題，這將成為補償宏觀經濟的微觀驅動力，並產生數以萬億的社會效益。

未來的5G時代，數位化金融不僅重塑金融體系，對人們的生活領域、經濟、就業等都會產生全球化重要影響。

同時這篇文章提到全訊息經濟學，指出全訊息經濟學的解釋，就是社會中的經濟行為都是可以通過數位及其他形式清晰表達出來。而5G時代萬物互聯、全數位化恰恰對應了這種預測。

2018年5月25日，歐盟《通用資料保護條例》（GDPR）正式生效。這項法律涉及訪問權、被遺忘權、資料可攜帶權、拒絕權和自主絕不受自動化決策權等資料安全問題。

在個人隱私、資料權利方面，此書提出基於幾年來思考的個人超級帳戶（個人APP）方案，這與萬維網之父蒂姆·伯納斯-李（Tim Berners-Lee）教授幾乎同時提出一樣的理念，就是建立個人掌握的APP，把個人資料掌握在自己手中，並由此創造大量個人知識財富。

歐盟《通用資料保護條例》（GDPR）正式生效，全球國家紛紛參考，這意味著對於互聯網企業來說，以個人為中心的超級帳戶APP，將重新塑造互聯網生態，也必然誕生新的互聯網財富機遇。

早在2001年之前，我就開始研究互聯網超市及電子支付屬於未來趨勢。

我在2005年之前，就提出比阿里巴巴更早的互聯網超市線上線下結合模式。

這些愛好導致我長期關注和思考電商、傳統商業，以及農業、服務業、製造業、電子支付、數位貨幣與個人現實經濟中的關聯。

而AI複合體經濟就是互聯網、電商與傳統經濟的一次全場景深度融合、塑造、升級。AI複合體經濟提出了在人工智慧、自動化、提高社會生產力之後人們的就業、生活等系統性方案。

2019年9月26日，在華為深圳總部開啟了與任正非咖啡對話（第二期），「創新、規則、信任」。當主持人與觀眾席媒體提問到，人們擔心人工智慧是否會取代自己的工作，大數據導致人類不平等時，英國皇家工程院院士、大英帝國勳章獲得者、英國電信前CTO 彼得·柯克倫（Peter Cochrane）認為：我們應該試著利用人工智慧來打造可持續發展的生態社會，這個星球有足夠的資源支撐每個人活下去，但今天的技術會讓我們摧毀生態系

統。因此，要實現可持續發展，唯一的方法是改變我們目前的生活和工作方式。

任正非認為：人類社會今天處在電子訊息技術爆發的前夜，人工智慧給社會創造更大財富。人工智慧會影響和塑造一個國家的核心變數，人工智慧時代能給更多人機會，創造更多財富和機會。

人工智慧會使國家的差距變大，我們要制定規則，富裕國家要幫助窮困國家，使得技術能夠共用。

全球頂級電腦科學家、人工智慧專家和未來學家，暢銷書《人工智慧時代》作者傑瑞‧卡普蘭（Jerry Kaplan）認為：人工智慧也將加劇社會的貧富分化，我們應該更多地去思考社會的規則，而非只為了少數人的利益創造GDP。

這本書從理論上打通了宏觀凱恩斯主義經濟與奧地利自由經濟學派之間的隔閡，提供了經濟學的第三種選擇，建立了新的通道聯結。提供了新的理論工具，建立新的規則，普惠大眾，它將互聯網、實業、金融、就業、生活等各方面緊密聯繫起來，把互聯網與經濟學知識應用於社會，希望為社會創造出更大的價值。

第一部分

全場景萬物互聯時代

2019年，全球發達國家開始把5G做為未來重要戰略。

2019年6月6日，中國工業訊息部向中國電信、中國移動、中國聯通、中國廣電四家企業發放了5G商用牌照，中國開始部分城市啟動5G商業運行，全國多個省級城市啟動5G計畫。

截止到2019年9月7日，根據中新經緯用戶端不完全統計，北京、上海、廣州、深圳、重慶、天津、杭州、蘇州、武漢、鄭州、瀋陽等十一城5G基站建設時間表出爐。

2019年，我國預計將在五十個城市建設超過五萬個5G基站，十一城基站建設時間表出爐。

北京預計到2019年底，全市將建設5G基站超過一萬個；2021年實現重點功能區5G網路覆蓋。

上海計畫2019年將建設5G基站一萬個，2020年累計建設5G基站兩萬個，2020年實現5G全覆蓋。

廣州明確2019年完成不低於兩萬個5G基站的目標，2021年全市建成5G基站六萬五千個，2021年實現主城區和重點區域5G網路連續覆蓋。

深圳規劃2019年底將累計建設5G基站一萬五千個，2020年8月底實現5G網路全市覆蓋。

重慶預計2019年建成一萬個5G基站。

天津預計在2020年建設部署商用5G基站超過一萬個。

瀋陽預計2019年底瀋陽及瀋撫新區終端區域實現5G信號覆蓋。

杭州預計2019將建設一萬個5G基站，2020年杭州城區實現5G信號全覆蓋。

武漢預計2021年建成5G基站兩萬個以上，2021年將實現5G

市域全覆蓋。

鄭州2019年初步實現5G全覆蓋。

蘇州預計2019年底完成五千個基站建設任務。

　

5G產業鏈龐大，涉及到晶片、IT設備、網路設備等產業鏈，5G一旦開始規模化部署，能為整個經濟帶來增長動力，來自IHS資料顯示，到2035年，5G全球經濟產出將達到十二‧三萬億美元。

第1章
迎接超級互聯的5G時代

　　華為創始人兼 CEO 任正非曾說過：「未來訊息社會的發展是不可想像的，未來二三十年，人類社會一定會有一場巨大革命，在生產方式上要發生天翻地覆的變化。比如，工業生產中使用了人工智慧後，大大地提高生產效率。」5G 不僅僅是下一代移動技術，而且將是一種全新網路科技，將萬事萬物以最優的方式連接起來。這種統一的連接架構，將會把移動技術的優勢擴展到全新行業，並創造全新的商業模式。

　　谷歌公司董事長也表示：「我可以直接地說，互聯網即將消失，一個高度個性化、互動化的有趣世界 —— 物聯網即將誕生。」

　　在通信業，G就是「代」，generation的縮寫。

　　從1G到5G，從固網通信到移動通信的互聯網的演變。

　　1G時代，類比蜂窩網路，從1983年開始。

　　第一代移動通信技術使用了多重蜂窩基站，但技術標準各式各樣，用戶在通話期間自由移動，並在相鄰基站之間無縫傳輸通話，摩托羅拉是1G時代的全球王者。

　　當時全球屬於固定電話時代，個人電腦苗頭剛剛開始，互聯網的通信還沒開始，中國當時還處於改革開放初期，對於遙遠的距離，電報比電話更方便。

　　2G，數位網路，從1991年開始。

　　第二代移動通信技術，使用了數位傳輸取代類比技術，通信品質提高，數位並提高了電話尋找網路的效率。能消費的起的個人用戶逐漸增多，基站的佈局開始密集，因為基站密集提高了信號覆蓋，手機信號收發系統減輕了功率壓力，另外隨著積體電

路的發展，手機逐漸從大哥大過渡到小巧便利攜帶，而諾基亞與易立信在通信設備及手機方面獲得良機。

2G時代，中國固定電話從少數企業開始進入多數商家、企業，逐漸走入個人家庭。以微軟英特爾為代表的個人電腦，開始全球崛起並逐漸普及化，但電腦為主的互聯網時代剛剛具備了基礎，還沒大規模開始。

在2G時代，中國移動通信開始崛起，中國經歷從摩托羅拉呼叫器收到訊息、用固定電話回覆為主，到大哥大逐漸手機小巧化，手機價格也隨著競爭逐漸下降到更多人接觸的時代。

2G時代手機短信、彩鈴聲成為移動公司增值業務，行動電話費高居不下，行動電話依然沒有大規模普及，人們用短信溝通便於訊息保存及節約電話費，鈴聲等付費內容成為新的利潤增長點。

GSM（全球移動通信系統）成為全球流行的移動通信標準，並國際漫遊變得容易。

3G，高速IP資料網路，從2001年開始。

第三代移動通信技術的最大特點，是在資料傳輸中使用封包交換（Packet Switching）取代了電路交換（Circuit Switching）。語音視頻可以數位化傳輸，數位化訊息開始成為互聯網及移動通信的主流，電腦通過移動信號可以訪問互聯網。以品質著稱的諾基亞逐漸成為手機業務的王者。

在中國手機價格逐漸降低，移動通信費用開始降低，手機逐漸普及。

這期間開始，手機依然是通話短信為主，手機智能化理念開始形成基礎，而互聯網以個人電腦為主，通過固話訪問互聯網

的時代開始興起，並逐漸大規模普及，固話開始逐漸成為家庭必備。

4G，全IP資料網路，從2009年開始。

4G時代，隨著王者蘋果智慧手機的崛起，移動互聯網、數位化、智慧化成為手機通信標配。

高通晶片與谷歌安卓作業系統，佔領了大部分手機市場。

三星憑藉螢幕、晶片、移動存儲等全球核心產業鏈，贏得大量市場與利潤空間。

憑藉過硬的技術及服務組合，華為成為全球通信設備老大，並在手機業務方面逐漸崛起。

4G時代，以中興、華為為代表的通信設備，逐漸成為全球標準的重要參與者，以華為、小米、OP為代表的中國智慧手機，也逐漸成為國際市場重要參與者。

中國成為互聯網時代，從通信設備到手機、電腦、顯示幕、晶片、代工、產業鏈、研發的全球重要參與者。

5G：2019年開始的萬物互聯時代。

中國信通院發佈《通信企業5G標準必要專利聲明量最新排名》，按照歐洲電信標準化協會（ETSI）的有關規定，截至2018年12月28號，在ETSI網站上進行5G標準必要專利聲明的企業共計二十一家，聲明專利量累計為11681件。

華為以1970件5G聲明專利排名第一，占比17%，諾基亞以1471件5G聲明專利排名第二，占比為13%，LG以1448件5G聲明專利排名第三，中國企業除華為外，中興以1029件專利排名第6，占比9%；大唐以543件專利聲明排名第9，占比5%。中國三

家企業的專利聲明總量為3542件，占總聲明量的30.3%。

從1G到5G，隨著國際標準化及市場規模集中化，像阿爾卡特、易立信、華為、LG、朗訊、摩托羅拉、北電、諾基亞、富士通、西門子、NEC、三星、這些通信巨頭有的被破產、收購或合併，如今只剩下華為、易立信、諾基亞和中興四大主流玩家。

而且，華為幾乎正成為5G時代的王者，美國的移動通信設備商則幾乎全軍覆滅，面對未來物聯網時代話語權，這也正是美國一再打壓華為的重要原因。

十幾年前，當家樂福、沃爾瑪、國美電器、蘇寧電器等超級賣場，因為替代傳統百貨商場的模式而生意火爆的時候，他們的老闆也許沒想到今天的困難。亞馬遜、京東商城與淘寶的悄悄崛起，讓這些專業超級賣場的行銷變得困難重重。就在此時，美國、歐洲的傳統商業百貨，大部分面臨破產的困境，同樣的經營困難，也漸漸出現在了中國一些傳統商場身上。

同樣是十幾年前，當雅虎、網易、搜狐、新浪等門戶網站大行其道，開始取代傳統媒體與訊息來源的時候，他們也想不到現在谷歌、Facebook、騰訊，微博這樣的搜索網站與社交媒體，竟然站在了訊息時代的最前沿。

同樣走在時代前列的代表，如亞馬遜、京東、淘寶這樣的互聯網商業集團，已經讓電子支付手段成為現實。支付寶與微信成為人們的錢包，不僅僅用在電子商務及知識領域，而且使人們的線下支付變得更為

便捷。電子支付手段不僅衝擊傳統銀行業迫使其做出變革，毫不誇張地說，它正在改變著全世界。

現在越來越多的互聯網資源開始彙集到微軟、蘋果、谷歌、亞馬遜、阿里、騰訊、京東、Facebook 等少數的巨型企業手裡。

而十幾年後，亞馬遜、京東、淘寶，騰訊、谷歌、百度、臉書，微博等巨型企業是否會被一種新模式打敗，或者進化到新到領域，都有不確定性。這種不確定性也會誕生新的機遇。

4G 時代，互聯網生態給人們帶來了極大的便利。

知識付費、網路購物、手機訂餐、手機支付、網路影視、視頻直播、智慧音響、共用單車、網約車出行、地圖導航等這些 4G 時代的互聯網生態，已經深入到人們的生活及就業。在工業物流領域，越來越多的機器人及自動化設備，被應用於製造業及物流領域。智慧交通、互聯網政務、智慧城市概念也在逐漸形成。

在 5G 時代即將來臨的 4G 時代後期，互聯網誕生了一批新貴，比如美團、滴滴、快手，頭條、科大訊飛、小米，等。

在 5G 時代，不僅是傳統行業面臨重塑，現有的互聯網巨頭們也將面臨重塑。要麼適應未來的要求，要麼退出歷史舞臺。智慧高速互聯時代，不應該讓個體變成無用之人，而要讓大部分人享受更好的生活，讓科技為人服務。

谷歌董事長施密特稱，未來將有數量巨大的 IP 地址、感測器、可穿戴設備，以及雖感覺不到卻可與之互動的東西，時時刻刻伴隨你。設想下你走入房間，房間會隨之變化。有了你的允許

和指令，你將可以與房間裡所有的智慧產品發生進行互動。他表示：這種變化對科技公司而言是前所未有的機會，世界將變得非常個性化、非常互動化和非常非常有趣，所有賭注此刻都與智慧手機應用基礎架構有關，似乎也將出現全新的競爭者為智慧手機提供應用，智慧手機已經成為超級電腦。他認為這是一個完全開放的市場。

5G 成為當前世界各國及各個互聯網企業的戰略制高點。

有人說 5G 時代開啟了第四次工業革命，是互聯網產業的第三次升級。5G 時代讓人超級期待：萬物互聯、高速視頻互動、VR/AR 虛擬實境互動，基於虛擬超逼真模擬技術下的互動、娛樂及創意影視製作、自動駕駛、雲服務、AI 智慧輔助、智慧家居、智慧城市、智慧工廠、智慧農業、遠端醫療、深度而簡潔的學習革命等。

在未來 5G 時代的發展中，很多技術與應用場景需要逐漸積累，顛覆式的創新及公司還會不斷地湧現。可以肯定，5G 會引發一場涵蓋農業、工業、服務業、住房、生活、醫療等領域，包括互聯網本身的大範圍革命。這也是各個國家、城市、企業推動部署 5G 戰略的重要動力。

1.1 5G 時代的標誌：萬物互聯，增強移動寬頻，延時性低

2019 年是 5G 產業進入全面商用的關鍵一年，全球5G 網路的部署已經啓動。

相對於 4G，5G的優勢在這三個方面：運用增強移動寬頻（eMBB）；實現海量萬物互聯；實現超高可靠低延時通信。0.0001 毫秒級回應，這樣的訊息高速度傳輸機制和海量千億級的連接能力，將會開啓萬物廣泛而深度的連結、人機深度交互的新時代。

5G 網路目前正處在最後的測試階段，該技術將依靠更密集的小型天線陣以及雲端，提供比 4G 快十倍以上的資料傳輸速度，下載速度可達到 1GB/ 秒，下載一部電影在幾秒內即可完成。增強移動寬頻讓我們觀看超高清視頻更加流暢，同時也為其他需要高速傳播的行業帶來機遇。5G 網路還帶來了可實現 3D 通信、4K、8K 超高清視頻觀看、線上 AR/VR、雲辦公等新的體驗。

近日微軟表示，會建立 AR 用戶社區，人們也可以通過 VR 系統進行駕駛。用戶可在駕駛時，可以給其他駕駛員的表現進行評分、評論，這樣每位駕駛員對道路上其他使用 VR 系統駕駛車輛者的看法，都是其他駕駛員虛擬訊息的補充，通過收集駕駛員的觀點，就可以達到優化駕駛體驗的效果。

目前無人駕駛最大的安全隱患是機器反應不夠迅速，5G 的高頻寬、低延時正好解決了這一問題。例如，普通人踩刹車的反應速度大約是 0.4 秒，而在 5G 技術的支援下，人工智慧可以實現 1 毫秒（0.0001秒）回應速度。結合智慧公路系統，未來無人

駕駛，不僅在安全性方面得到提高，也能帶來更好的行車調速體驗。目前，中國聯通利用 5G 網路，在廈門集美區成功測試了首輛智慧網聯公交。這輛公車在超視距防碰撞、車路協同、智慧車速、精準停靠等功能方面接受的檢驗效果良好。

無人駕駛與物聯網的結，還會帶來新的應用場景，比如飛行汽車、無人共用汽車、無人物流車等。

快速回應、低延時通信的應用除了自動駕駛，還有智慧工廠、智慧建造、遠端醫療等即時性要求高的領域。

1.2 海量，多層級互聯的 IP 地址

　　IPv6（互聯網協議第 6 版）號稱可以為全世界的每一粒沙子編上一個網址。而萬物互聯的本質就是萬物都有獨立的 IP 運行能力。IP 位址是每一台設備聯網必備的身份證，IPv6 是為了替代 IPv4 的下一代 IP 協定，是用作互聯網的網路層協定。

　　此前，IPv4 中規定 IP 地址長度為 32 位，即有 2 的32 次方地址，IPv4 僅能提供約 42.9 億個 IP 地址。北美佔有約三十億個，而人口最多的中國只有三千多萬個。網路位址的不足，嚴重地制約了萬物互聯的發展，滿足不了時代需求。而 IPv6 中 IP 地址的長度為 128 位，即有 2 的 128 次方個位址，這幾乎可以不受限制地提供位址。

　　此外，IPv6 還解決了端到端IP 連接、服務品質（QoS）、安全性、多播、移動性、隨插即用等問題。IPv6 帶來海量的互聯網 IP 資源的同時，也因為根伺服器在自己的國家，讓自己的網路環境更安全。

　　推進 IPv6 規模部署，將深刻影響未來互聯網生態。基於5G 與 IP 位址的廣泛結合，將會出現更多的技術應用環境，讓傳統的門戶網站、社交、視頻，電商、搜索、遊戲、應用商店等領域重新塑造的同時，也讓物聯網、工業互聯網、雲計算、大數據、人工智慧等新興領域得到快速發展。

　　由於每個設備都可以擁有自己的IP，智慧城市、智慧農業、智慧電網等應用將越來越接近現實。

　　2019 年 1 月 7 日，騰訊雲宣佈全生態推進 IPv6 戰略，同時騰訊遊戲、騰訊視頻、QQ 瀏覽器等騰訊旗下核心產品已全面支援 IPv6 上線，微信和 QQ 兩大應用也即將完成 IPv6 技術升級。

此前，阿里巴巴也宣佈全面擁抱 IPv6，實現「雲—管—端」的全面打通，淘寶、優酷、高德三大業務已經接入。同時騰訊、阿里等獲得了中國電信、中國移動、中國聯通的支持與合作。

1.3 AI 人工智慧，大數據

人工智慧是什麼？電腦與統計學就是人工智慧。2019 年 1 月 17 日，任正非在訪談中談到時下發展火熱的人工智慧技術時，說道：「人工智慧就是統計學，電腦與統計學就是人工智慧。」

2019 年 2 月谷歌發佈了首個基於移動端分散式機器聯合學習（FL）系統，能夠使數千萬支手機同步訓練，目前已在數千萬台手機上運行。這些手機共同學習一個模型，並且所有的訓練資料都留在設備端，以確保個人資料安全，未來該系統有可能在幾十億部手機上運行。聯合學習（FL）是一種分散式機器學習方法，可以對保存在智慧手機等設備上的大量分散資料進行訓練，是「將代碼引入資料，而不是將資料引入代碼」，並解決了關於隱私、所有權和資料位置等基本問題。

5G 時代，將在十億個場所、五十億人、五百億物聯的範圍內，實現家庭、企業、政務等各個系統深度多層級連結。另一方面，具有超級連接能力的 5G 網路，將與數位化驅動技術、即時大數據、邊緣計算、邊緣存儲、雲計算、區塊鏈、人工智慧融為一體，帶來產業的革命性變化，實現萬物平臺化、線上化、全雲化、隨插即用。

誰擁有資料，誰就擁有世界。

美國總統川普在美國時間 2019 年 2 月 11 日簽署了一項行政命令，啟動美國人工智慧倡議（American AI Initiative），指示聯邦機構專注於推動 AI 發展。美國此次的人工智慧計畫，將擁有五個「關鍵支柱」，包括：

1. **研發**。政府將要求各機構在支出，「優先考慮人工智慧

投資」，但沒有詳細說明白宮將要求多少資金，來支援這一計畫。該倡議還呼籲各機構更好地報告人工智慧研發支出，以便對整個政府的研發支出進行概述。

2. **基礎設施**。各機構將幫助研究人員獲取聯邦資料、提供演算法和電腦處理上的幫助。

3. **標準**。白宮科技政策辦公室和其他組織，將共同起草管理人工智慧的總體指導方針，以確保人工智慧產品被安全和合乎道德地使用。這名官員沒有說將解決哪些具體問題，但他指出，這項工作將涉及美國食品和藥物管理局（Food and Drug Administration）、國防部（Department of Defense）和其他機構的專家。

4. **人才配備**。白宮的人工智慧諮詢委員會和就業培訓委員會將尋找繼續工人教育的方法。此外，各機構將被要求設立電腦科學方面的研究資金和培訓項目。

5. **國際事務**。政府希望在人工智慧領域實現微妙的平衡：在不損害美國利益或放棄任何技術優勢的情況下，與其他國家在人工智慧領域展開合作。這名官員迴避了這項計畫是否會解決科學家、工程師和學生的移民、簽證問題。

2019 年 1 月，阿里達摩院發佈了《2019 十大科技趨勢》。該報告中的科技趨勢涉及智慧城市、語音 AI、AI 專用晶片、圖神經網路系統、計算體系結構、5G、數位身份、自動駕駛，區塊鏈、資料安全等領域。

在萬物互聯的時代，無人駕駛、機器人、工廠智慧化、智慧農業、5G、邊緣計算、自然語言處理、圖片識別，語音技術、增強現實、可穿戴等技術將與人工智慧相結合，不斷拓展出新的產業應用場景。

1.4 數位化農業的未來

近幾十年來，中國經濟的發展取得驚人的成績，從農業大國到工業強國，中國創造了一個又一個奇蹟，現在中國又在積極做 5G 時代的引領者。但是不得不說中國的農業基礎薄弱，一方面是農用土地有限，另一方面是土地承包分散與集中之間存在矛盾，最後是大量施用無機肥造成土壤酸鹼化嚴重，粗放管理帶來食品安全及營養問題。

中國地大物博，情況也十分複雜。人均農耕地資源相對有限，南北東西差異明顯，土地及氣候溫暖的東部及中原地帶村落密集，這就需要根據不同地域建立不同的農業模式。數位化、人工智慧恰恰可以發揮作用。有關糧食與蔬菜種植方面，在數位農業領域的發展，可以向荷蘭的溫室種植、以色列的節水滴灌學習。

荷蘭是世界農業強國，是全球第二大蔬菜輸出國。但荷蘭是一個溫度比較低，距離北極圈僅一千六百公里，面積只有 4.2 萬平方公里的國家。經過幾十年的精心打造，荷蘭人研究出了能夠控制光照、溫度、濕度、二氧化碳管理的溫室大棚系統，並在標準化栽培、育種、改良、有機農業、病蟲害防治和智慧化方面，摸索出了具有國際獨特競爭力的體系。在世界大學農學院排名中，荷蘭瓦格寧根大學的農學院排名第一。

以色列國土面積 2.5 萬平方公里，其中 60% 是沙漠，卻養育著九百萬國民。以色列年均用水量有二十億立方米，但靠自然補給卻不足十二億立方米，用水缺口高達 45%。因此，以色列全面普及了最先進的智慧滴灌技術。一個個如電錶大小的感應器架鋪設到田裡，通過這些感應器，不間斷地監測土壤、作物生

長、氣溫、濕度等資料，再通過電腦把混合了肥料和農藥的水滲入植株根部，以最少量的水供養出最好最多的穀物。

以色列的水資源利用率達 85％以上，還通過各種手段，不斷把沙漠變成綠洲，以色列的耕地面積由十六萬公頃，擴大到目前的四十五萬公頃，農產品不僅能夠滿足國內的需求，而且大量向國外出口。

荷蘭、以色列是世界高科技農業國的代表，堪稱世界農業的奇蹟，除了學習荷蘭和以色列，日本的小型農業機械系統及精確農業，也是中國可以參考學習的。

2019 年 2 月 19 日，《中共中央國務院關於堅持農業農村優先發展做好「三農」工作的若干意見》對外發佈。《意見》共提出了八個方面的工作要求，包括：聚力精準施策，決戰決勝脫貧攻堅；夯實農業基礎，保障重要農產品有效供給；紮實推進鄉村建設，加快補齊農村人居環境和公共服務短板；發展壯大鄉村產業，拓寬農民增收管道；全面深化農村改革，激發鄉村發展活力；完善鄉村治理機制，保持農村社會和諧穩定等。

優美的居住環境，健康的農業發展模式，應該是中國在5G時代需要強調的第一要素。在 5G 時代，農業也應享受科技訊息的成果，運用智慧機械、實現農業遠端操作、提供視覺化農業安全保障，智慧監測土壤、氣候的訊息、運用專業的技術與經驗，以建設宜居生態農村、農業高效可持續發展。

1.5 工業互聯網

工信部印發了《工業互聯網網路建設及推廣指南》的通知，提出了新的工作目標：到 2020 年，形成相對完善的工業互聯網網路頂層設計，初步建成工業互聯網基礎設施和技術產業體系。其中一個方面就是建設滿足試驗和商用需求的工業互聯網企業外網標杆網路，初步建成適用於工業互聯網高可靠、廣覆蓋、大頻寬、可定製的支援互聯網協定第六版（IPv6）的企業外網路基礎設施；建設一批工業互聯網企業內網標杆網路，形成企業內網絡建設和改造的典型模式，完成一百個以上企業內網路建設和升級。

在 5G 系統下，工業互聯網將構建工業環境下人、機、物全面互聯的關鍵基礎設施。通過工業互聯網網路，可以實現工業研發、設計、生產、銷售、管理、服務等產業全要素的泛在互聯。

到了工業互聯網時代，企業、科研機構、高校、消費者、互聯網服務企業，都將會重新塑造融合。

未來可能將出現共用的工廠。通過後面提到的超級帳戶、AI複合體經濟、微型數位貨幣、價值功能計算、5G 工廠時代投資，股權會產生新的生態模型。比如工廠的設備在數位化時代可以由個人投資，虛擬實境開發，虛擬 3D 建模與三維掃描建模，通過 3D 列印技術共用工廠，而工廠屬於不同股權和領域的集合，同時人們會成立不同的設計公司，來實現從設計到共用工廠的流程轉化。

1.6 智慧城市

城市中密集的網路，將智慧管理與服務帶進社區，讓社區的安全更有保障。智慧城市的未來將有充滿綠化、人性化的智慧社區構成。

人們的住房系統在配置更多的「空中花園」的同時，也符合節能環保需求。智慧家居及關聯服務體系能為人們照顧孩子、老人提供更多幫助。人們購物之後，自動配送系統會按程序把大部分消費品輸送到對應購買者家裡的陽臺或者其他方便的收貨地點。地下地上多功能自動停車系統，讓人們不再為供不應求的停車位發愁。同時，密集的 5G 網路系統，讓配置了大部分自動駕駛功能的汽車協同路線，按照車主個人駕駛路線到達目的地。而對於多數人來說，可能共用汽車智慧系統與地鐵、智慧公交車，已經解決了大部分人的出行問題，人們只在遠行的時候才開自己的汽車。

1.7 智慧教育

　　未來的人們將不再因教育資源配置的問題而焦慮，學生們可以共用全球最好的教育資源。通過三維虛擬技術，學生們會看到各個專業最好的實物動態模型，配備給每個人的教學系統，都可以讓學生們任意停留在自己想瞭解的畫面。通過三維投影技術，學生可以瞭解知識的產生過程。而你的從業老師只是教你語言、文字，補充三維共用教學的不足。老師也變得輕鬆。這樣的教學體系將讓學生們花費在學習上的時間大大減少，教育將更加公平化，同時人們可以報考全球最好的大學課程。學生們借助人工智慧系統，通過考試科目來檢驗基本教育，當然對於現實中的實習問題，學生的大部分工作將會在各個城市的大學的輔助下完成。

1.8 智慧醫療

　　智慧化在未來的醫療系統中也將有更多的體現。在覆蓋 5G
網路醫療診斷系統後，遠端手術已經成為現實，互聯網專家團隊
可以通過人工智慧輔助系統，根據對檢測結果的分析給出方案，
護理及治療方面，將應用更多的遠端智慧與自動化現場結合的技
術。醫療體系中將建立信任機制，從藥品採購到治療都將實現程
序化。科學家通過人工智慧及生物學大數據，可以篩選數百萬種
生物分子與化學物質，來加速新藥物的研製。虛擬模擬醫學教學
也可以讓更多人從繁重漫長的醫學學習重負中脫離出來，同時醫
科大學能夠幫助醫療工作者及患者找到更佳的治療方案。

1.9 數位政務

　　互聯網的發展也為政務提供方便。現在很多城市正在推出更加方便的政務系統。據新華社消息：江蘇省昆山市 2019 年 2 月 11 日召開優化營商環境新聞發佈會，聚焦辦理施工許可、開辦登記、納稅、跨境貿易等環節，推出優化營商環境二十三條政策和十項配套措施，提出「不見面審批」服務方案。實現開辦企業全流程一個工作日內完成，不動產登記全流程三個工作日內完成，一般工業建設專案施工許可全流程三十個工作日內完成。

　　昆山市是江蘇省的一個縣級市，但經濟實力及活力遠超內陸地區一些地級市。對於中國大部分地區來說，縣級以下地區是中國經濟及國家管理系統的盲點，這些地區經濟相對缺乏活力，就業機會較少，青壯年人口長期外流，農業農村問題又是縣級以下地區的重中之重。

　　在2019年9月25號開幕的杭州雲棲大會上，浙江省省長袁家軍表示：要在今年年底前，實現全省政務事項100%網上辦公，80%實現掌上辦公，90%實現跑零次可辦，90%以上的民生事項實現一證通辦；到2020年底，「掌上辦事之省」和「掌上辦公之省」兩大目標要基本實現，也就是老百姓都在掌上辦事、浙江各級政府都在掌上辦公；到2022年，掌上辦事、掌上辦公實現核心業務100%全覆蓋。

　　服務企業方面，進一步優化營商環境。袁家軍表示，目前已經取得了一定的進展，企業從准入到退出的全生命週期，均可通過App實現一網通辦服務百姓方面，他透露，通過互聯網＋醫療健康專案，在全國首發了健康醫保卡，在杭州兩百多家醫院實現了先看病、後付費，極大方便了百姓就醫。

政府辦事效率方面，袁家軍說：「省市縣政府之間、省政府的部門之間的訊息資源實現充分共用，職責邊界更爲清晰，聯動協同更爲高效，履職方式由原來的單一部門的權力行使，轉變統一爲政府協同，行動決策和執行過程由單層、單部門實施，向多層聯動、多部門協同轉變。」

我們可以看到，通過萬物互聯構建起來的數位化政務系統、可信任的層級連接，對於激發各級城市，農村活力，優化資源，吸引外來投資，建立高效生態農業及工業，服務業等有關鍵性的作用。

1.10虛擬與混合現實

　　2019 年 1 月，在美國拉斯維加斯舉行的消費電子展（CES）上，《紐約時報》在展會上宣佈，要建立一個5G 新聞實驗室，未來的新聞故事會根據時間、讀者所在地提供交互性、沉浸性的 3D 流媒體影像，讓讀者身臨其境地看新聞。

　　在國內，金融街區域，中國聯通已完成了 5G 的組網試驗。《21 世紀經濟報導》記者在車上相繼體驗了 5G網路的多個應用，比如速度 1G 以上的 5G 視頻；通過 VR 工作人員對長活大樓 5G 機房的巡檢；最屬害的是通過 VR 系統，實現了西洋音樂與古典音樂異地同時協奏。作爲未來世界可能的科技入口，VR ／ AR 系統得到了很多大互聯網技公司及初創企業的青睞。

　　微軟於 2019 年 2 月 24 在西班牙巴賽隆納的 MWC 2019 召開了新聞發佈會。發佈了第二代 MR（混合虛擬實境）設備 Hololens 2，使用者通過手動追蹤和語音辨識功能，可以直接通過手勢操控全息影像中的物體，並使用語音進行控制和交互。該設備利用深度感測器、AI 語音功能、眼球跟蹤感測器，讓人們與全息影像的交互更加自然。這款頭顯示器還配備了一個八百萬像素的攝像頭，可用於視訊會議等，相比第一代，Hololens 2 更加舒適，更加輕薄，可提供更好的視角及解析度。

　　微軟同時發佈了 Azure Kinect DK 開發套件。其核心配置是微軟爲 HoloLens 2 開發的 TOF 深度感測器、高清 RGB 攝像頭、麥克風圓形陣列，通過Azure，工程師可以開發出高級電腦視覺和語音應用方案爲 HoloLens 2 服務。

　　除了硬件，微軟還發布了名爲 Dynamics 365 Guides 的應用軟體，並試圖通過廣泛的合作夥伴系統，依靠微軟智慧雲建立混

合現實生態體系，爲全球合作夥伴提供基於 HoloLens 的各類豐富場景。安裝了 Guides 應用的電腦，也可以把照片和視頻導入 3D 模型中並能夠定製培訓，微軟智慧雲可以幫助完成影像處理工作，並通過智慧雲將結果傳回電腦或手機，用戶可以通過手機觀看超高保眞全息圖。

微軟 MR 設備目前主要面向企業級用戶，並爲合作夥伴及客戶提供定製專案。這項技術可以應用在健康醫療、建築、工業製造等領域，比如微軟基於 HoloLens2 系統與飛利浦 Azurion 圖像引導治療平臺合作，一起開發 AR 技術。外科醫生可以佩戴 HoloLens 2 利用深度感測器、AI 語音功能、眼球跟蹤感測器來控制Azurion，獲取患者的生理資料和相關 3D 影像資料，最終實現更好的治療效果。在特定行業，微軟已經與合作夥伴 Trimble 合作，推出了一款全新的頭戴式安全設備，能夠保證在安全可控的環境中，工作人員在其工作現場進行全息訊息訪問。

虛擬實境技術不僅帶來購物、遊戲、旅遊等新的場景，也會在教育領域掀起一場積極的變革，我們可以想像，未來的教育或許是這樣子的：人們利用三維高清顯像技術或者虛擬實境技術，就可以感受超逼眞的環境、瞭解宇宙萬物、獲取所需知識。

1.11超級大腦

　　未來的互聯網系統就像是一個超級大腦，全世界通過電腦、物聯網、軟硬體，按照多層協議，在能源、生態環境、農業、工業、居住、旅遊、金融、經濟、學習、智慧財產權方面進行深度互聯。

　　全球互聯的世界將是一個智慧世界。人們在全球範圍內實現訊息的共用、多維度合作，可以優化能源資源配置，將更節能的技術用在傳統能源領域，並推動新能源的佈局及效率的提高。

　　人們可以通過互聯網視頻或 VR 系統，實現對典範農業國或地區的虛擬混合現實的超逼真訪問，線上上培訓並學習知識，也可以遠端承包農業，投資畜牧業，參與公益植樹造林活動。個人也可以通過遠端技術，為其他地區及國家居民建造房屋，甚至通過遠端在其他國家的工廠、社區、醫療機構、公益部門工作或者兼職。

1.12資料既財富

隨著萬物連接，互聯網場景的塑造將深入人們的生活。人們需要簡潔介面，需要安全，需要保護個人隱私，也就需要有覆蓋全球的每個角落的互聯。

蘋果 CEO 庫克在《時代》雜誌最新發表的一篇評論文章中，向美國執行反壟斷和保護消費者法律的聯邦機構 FTC（美國聯邦貿易委員會）建議，應該實施一個新的框架，建立「資料經紀人清算所」，增加科技公司處理使用者資料的透明度，並允許人們「按需」跟蹤和刪除這些訊息。

庫克說，他和一些志同道合者正在呼籲美國國會通過「全面的聯邦隱私立法」，儘量減少掌握在公司手中的消費者資料，讓消費者能夠知道哪些個人訊息正在被收集，並按照其意願刪除資料。

「我們認為 FTC 應該建立資料經紀人清算所，並要求所有資料經紀人進行登記，使消費者能夠跟蹤在不同地點捆綁和銷售其資料的交易，讓使用者有權徹底刪除他們的資料，只要線上就能輕鬆做到。」庫克說。

在此之前，庫克去年在布魯塞爾發表演講稱，收集和銷售使用者資料的業務是「資料產業複合體」（data industry complex），個人訊息正「變得像軍事武器一樣極具威力」。

根據麻省理工科技評論消息：美國加州州長倡議「資料分紅權」，谷歌和 Facebook 應該為使用資料向使用者付錢。據 CNBC2019 年 2 月 13 日報導，加州州長在演講中提議「資料分紅權」，即加州使用者提供了自己的資料，雖然非自願提供，也應獲得報酬，還應共用通過他們的資料所創造的財富，用戶應有

權要求刪除自己的訊息。科技公司應披露使用者的資料是如何以及爲何被收集、將被用於何處，且有義務確保這些使用者資料不被盜用。

在 2019 3 月 31 日中國（深圳） IT 領袖峰會上，香港交易及結算所有限公司集團行政總裁李小加，發表主題演講《資料與資本的遠與近》。他指出，5G 時代，資本未來有巨大的動力來進行 AI 領域投資，但是目前 AI 還不能完全吸引到足夠的資本。5G 時代，資料將成爲資本市場上新的「大宗商品」和「原材料」。

第2章
華為從5G到鴻蒙OS作業系統

2.1 華為5G通信

　　2019年，是全球5G網路開啓試商用元年，包括華爲、中興、易立信、諾基亞在內的多家5G設備提供商，從去年開始奏響了大規模部署5G的序章。但遺憾的是，美國卻屢屢以國家安全爲由，在2018年對中興進行極限打壓之後，試圖再次阻止華爲的全球化發展。

　　2019年5月16日，美國又把華爲列爲黑名單，禁止美國高科技企業與華爲進行貿易往來，在美國試圖遏制中國發展、以中美貿易衝突背景之下，多事之秋，華爲憑藉三十多年累積的實力與預先準備，2019年8月18之前，華爲接連發佈面向5G時代的通信設備，數位化光纖通信系統，5G基站及基站天罡晶片，伺服器，資料庫，麒麟晶片，方舟編輯器，高斯資料庫，鴻蒙作業系統等多種核心晶片與軟體產品，保障了華爲在美國打壓之下繼續保持業務的穩定增長，核心業務部不受美國致命打擊，華爲無疑成爲中國抵抗美國高科技封鎖的國際化前沿的中流砥柱。

　　華爲計畫在英國投資800G光傳輸晶片業務，在高端光晶片領域，全世界依賴美國、日本高端光晶片供應，目前全世界最高端光晶片是400G，經過多年努力，華爲不僅實現了400G，而且做出了800G傳輸業務，5G時代是超寬頻、大數據傳輸，而超寬頻傳輸最核心的技術就是光晶片的傳輸能力。

　　華爲早在2009年就開展了5G研發，華爲是通信設備行業目前唯一能提供端到端5G全系統的廠商。華爲已經可提供涵蓋終端、網路、資料中心的端到端5G自研晶片，支援「全制式、全頻譜（C Band 3.5G、2.6G）」網路。作爲5G領域的開創者，華爲目前的技術成熟度比行業其他公司至少領先十二個月到十八個

月不等。

　　華爲創始人、總裁任正在接受採訪時表示：華爲是全球5G技術做得最好的廠家，在5G技術上的突破，將爲華爲創造更多生存支點。世界上做5G的廠家就那麼幾家，做微波的廠家也不多，能夠把5G基站和最先進的微波技術結合起來，世界上只有華爲一家了。

　　2019年1月24日，華爲正式發佈了兩款重要的晶片，分別是首款5G基站核心晶片「天罡晶片」與手機5G終端基帶晶片：巴龍5000。

　　5G基站核心晶片「天罡晶片」，在集成度、算力、頻譜頻寬等方面均取得了突破性進展：該晶片支援200M頻寬頻帶，可以把5G基站尺寸減小一半，重量減輕23%，安裝時間比4G基站減少一半時間。5G單社區容量從4G的150Mbps，擴大到5G的14.58Gbps，每比特能效提升二十五倍。4G基站的能耗550瓦特，5G的基站能耗650瓦特。已實現時延一毫秒。

　　1、**極高集成**：首次在極低的天面尺寸規格下，支援大規模集成有源PA（功放）和無源陣子。

　　2、**強大算力**：實現2.5倍運算能力的提升，搭載最新的演算法及Beamforming（波束賦形），單晶片可控制高達業界最高64路通道。

　　3、**極寬頻譜**：支援200M運營商頻譜頻寬，一步到位滿足未來網路的部署需求。

　　同時，該晶片爲AAU帶來較大的提升，實現基站尺寸縮小超50%，重量減輕23%，功耗節省達21%，安裝時間比標準的4G基站節省一半時間，可有效解決網站獲取難、成本高等挑戰。

　　華爲5G產品做到了極簡架構、極簡網站、極簡能耗、極簡

運維。

　　華爲5G終端基帶晶片巴龍5000：巴龍5000不僅是首款單晶片多模的5G Modem，能夠提供從2G到5G的支援，能耗更低，效能更強；同時支持NSA和SA架構。巴龍5000也是可以配合麒麟980處理器，讓華爲手機無縫支援5G網路。與此同時，巴龍5000可以支援車聯網、物聯網、路由器等其他5G無線移動終端設備。

2.2 海思晶片

針對美國商務部工業和安全局（BIS）把華為列入「實體名單」，5月17日凌晨，華為旗下海思半導體女總裁何庭波發佈了一封致員工的內部信：

> 尊敬的海思全體同事們：
>
> 此刻，估計您已得知華為被列入美國商務部工業和安全局（BIS）的實體名單（entity list）。
>
> 多年前，還是雲淡風輕的季節，公司做出了極限生存的假設，預計有一天，所有美國的先進晶片和技術將不可獲得，而華為仍將持續為客戶服務。為了這個以為永遠不會發生的假設，數千海思兒女，走上了科技史上最為悲壯的長征，為公司的生存打造「備胎」。數千個日夜中，我們星夜兼程，艱苦前行。
>
> 華為的產品領域是如此廣闊，所用技術與器件是如此多元，面對數以千計的科技難題，我們無數次失敗過、困惑過，但是從來沒有放棄過。
>
> 後來的年頭裡，當我們逐步走出迷茫，看到希望，又難免一絲絲失落和不甘，擔心許多晶片永遠不會被啟用，成為一直壓在保密櫃裡面的備胎。
>
> 今天，命運的年輪轉到這個極限而黑暗的時刻，超級大國毫不留情地中斷全球合作的技術與產業體系，做出了最瘋狂的決定，在毫無依據的條件下，把華為公司放入了實體名單。
>
> 今天，是歷史的選擇，所有我們曾經打造的備

胎，一夜之間全部轉「正」！多年心血，在一夜之間兌現為公司對於客戶持續服務的承諾。是的，這些努力，已經連成一片，挽狂瀾於既倒，確保了公司大部分產品的戰略安全，大部分產品的連續供應！今天，這個至暗的日子，是每一位海思的平凡兒女成為時代英雄的日子！

華為立志，將數位世界帶給每個人、每個家庭、每個組織，構建萬物互聯的智慧世界，我們仍將如此。今後，為實現這一理想，我們不僅要保持開放創新，更要實現科技自立！今後的路，不會再有另一個十年來打造備胎然後再換胎了，緩衝區已經消失，每一個新產品一出生，將必須同步「科技自立」的方案。

前路更為艱辛，我們將以勇氣、智慧和毅力，在極限施壓下挺直脊樑，奮力前行！滔天巨浪方顯英雄本色，艱難困苦鑄造諾亞方舟。

何庭波

2019年5月17日凌晨

2004年，未雨綢繆的任正非做了一個富有遠見的假設，如果在將來的某一天，隨著華為的發展，如果西方不再提供晶片，那麼華為將如何應對？

為了避免將來的被動，華為要自己研發晶片技術！這一年，華為成立了海思半導體有限公司，任正非把這個任務交給了具有豐富研發經驗的女性工程師何庭波。也就是十幾年前預見性的決策，華為走上了科技史上最為悲壯的長征，為公司的生存打

造「備胎」一夜轉正，使華為渡過危機，在核心業務上繼承保持了穩定的增長。

基站天罡晶片、巴龍基帶晶片都來源華為旗下的專注晶片的海思部門，在國內，能與國際頂級晶片比肩並大規模用在中高端手機上的自研晶片，只有華為海思晶片旗下7nm製程麒麟810、麒麟980。

2019年9月6日，華為在發佈最新一代旗艦晶片麒麟990系列，集合了103億個電晶體，一顆晶片融合5G和AI的功能。

麒麟990首次實現了對5G基帶晶片的集成，是全球首款全集成5G SoC晶片，避免外掛5G基帶所產生的高功耗。麒麟990不但支持5G NSA/SA制式和TDD/FDD（2G,3G,4G）全頻段，充分應對不同網路、不同組網方式需求，還取得了5G上行速率1.25Gbps/下行速率2.3Gbps的成績。

麒麟990 5採用達芬奇NPU架構，創新設計NPU大核＋NPU微核架構，NPU大核針對大算力場景需要，NPU微核賦能超低功耗應用，充分發揮全新NPU架構的智慧算力。

麒麟990採用了台積電 7nm＋ EUV（極紫）製造工藝，板級面積降低36%，電晶體密度提升1.5倍，成為世界上第一款集成超過100億顆電晶體的移動終端晶片，遠超上一代980晶片69億顆電晶體的集成度規模。

在華為手機中，自研晶片還有：電源晶片，NPU、音訊編解碼晶片、視頻編解碼晶片、射頻信號晶片等。

除此之外，華為海思晶片其實在很多領域，比如在攝像頭、伺服器（鯤鵬處理器）、路由器、電視、光通信、5G、AI等晶片領域，也擁有不錯的市場地位及性能。

華為首發搭載鴻蒙OS系統的「榮耀」智慧屏電視產品，就

搭載了華為自研的「鴻鵠818」電視晶片。在國內電視晶片市場，根據相關資料顯示，僅華為海思電視晶片就占到了50%以上的市場份額。

就人工智慧領域，華為內部已制定了代號「達芬奇」（Project Da Vinci）的專案，其內容包括為資料中心開發新的華為AI昇騰晶片，支援雲中的語音和圖像識別等應用。達芬奇計畫」旨在將AI帶入華為所有的產品和服務中，建立數位圖像、視頻、語音、音訊信號處理的人工智慧平臺。

經過多年投資努力，華為已經發佈了多個核心系列的全場景晶片處理器。基站天罡晶片，巴龍基帶晶片，路由器推出凌霄系列，具體包括支援通用計算的鯤鵬系列，支援AI的昇騰系列，支援智慧終端機的麒麟系列，以及支援智慧屏的鴻鵠系列。未來華為還將推出一系列處理器，面向更多的場景。

2.3 華為鴻蒙OS作業系統

2019年8月9日，華為在東莞籃球中心正式向全球發佈：全場景、分散式、面向5G時代萬物互聯的作業系統——鴻蒙OS（Harmony OS），並且宣佈鴻蒙系統將對全球開源。

華為鴻蒙OS系統英文為Harmony OS，華為開發的鴻蒙不是安卓系統的分支或修改版本，是全球第一款基於5G萬物構建的全新的、獨立的作業系統。是一種基於微內核的全場景分散式OS系統，具備分佈架構、全場景，安全，天生流暢、生態互享等優勢。

鴻蒙OS可打通智慧屏電視、手錶、手環、AR/VR、車機、音響、PC、平板、手機等多終端，為消費者帶來跨終端無縫協同體驗的統一作業系統，一次APP開發可實現多端部署，最終實現跨終端生態應用共用。打造全場景智慧化時代的體驗與生態，讓萬物互聯。

鴻蒙OS系統率先應用在智慧手錶、智慧屏電視、車載設備、智慧音箱等智慧終端機上，著力構建一個跨終端的融合共用生態，重塑安全可靠的運行環境，為消費者打造全場景智慧生活新體驗。

分散式架構類似於模組化設計，在手機上用手機需要的系統架構，在電視上用電視需要的系統架構，在PC上用PC需要的系統架構，避免了系統臃腫，保證了流暢性、安全性。而在安全方面上，微內核天然無Root，細細微性許可權控制從源頭提升系統安全，五星級安全、超短時延的分散式鴻蒙OS。

華為消費者業務CEO余承東表示：「我們要打造全球的作業系統，不僅僅是華為自己的，我們希望開源，讓全球的開發者力量

參與進來，打造下一代最領先的作業系統。」

　　鴻蒙OS將作為華為迎接全場景體驗時代到來的產物，發揮其輕量化、小巧、功能強大的優勢。

　　鴻蒙OS的四大技術特性：鴻蒙OS的設計初衷，是為滿足全場景智慧體驗的高標準的連接要求，為此華為提出了四大特性的系統解決方案。

1. 分散式架構首次用於終端OS，實現跨終端無縫協同體驗

　　分散式架構類似於模組化設計，在手機上用手機需要的系統架構，在電視上用電視需要的系統架構，在PC上用PC需要的系統架構，根據不同設備匹配不同架構元件，讓系統高效、簡單，避免了系統臃腫，保證了流暢性。

　　鴻蒙OS的「分散式OS架構」和「分散式軟匯流排技術」，通過公共通信平臺，分散式資料管理，分散式能力調度和虛擬外設四大能力，將相應分散式應用的底層技術，實現難度對應用開發者遮罩，使開發者能夠聚焦自身業務邏輯，像開發同一終端一樣開發跨終端分散式應用，也使最終消費者享受到強大的跨終端業務協同能力，為各使用場景帶來的無縫體驗。

2. 確定時延引擎和高性能IPC技術實現系統天生流暢

　　鴻蒙OS通過使用確定時延引擎和高性能IPC兩大技術，解決現有系統性能不足的問題。確定時延引擎可在任務執行前，分配系統中任務執行優先順序及時限進行調度處理，優先順序高的任務資源將優先保障調度，應用回應時延降低25.7%。鴻蒙微內核結構小巧的特性，使IPC（進程間通信）性能大幅提高，進程通信效率較現有系統提升五倍。

3. 基於微內核架構重塑終端設備可信安全

鴻蒙OS採用全新的微內核設計，擁有更強的安全特性和低時延等特點。微內核設計的基本思想是簡化內核功能，在內核之外的用戶態盡可能多地實現系統服務，同時加入相互之間的安全保護。微內核只提供最基礎的服務，比如多進程調度和多進程通信等。

鴻蒙OS將微內核技術應用於可信執行環境（TEE），通過形式化方法，重塑可信安全。形式化方法是利用數學方法，從源頭驗證系統正確，無漏洞的有效手段。傳統驗證方法如功能驗證，模擬攻擊等只能在選擇的有限場景進行驗證，而形式化方法可通過資料模型驗證所有軟體運行路徑。鴻蒙OS首次將形式化方法用於終端TEE，顯著提升安全等級。同時由於鴻蒙OS微內核的代碼量只有Linux宏內核的千分之一，其受攻擊機率也大幅降低。

4. 通過統一IDE支撐一次開發，多端部署，實現跨終端生態共用

鴻蒙OS憑藉多終端開發IDE，多語言統一編譯，分散式架構Kit提供螢幕佈局控制項以及交互的自動適配，支援控制項拖拽，面向預覽的視覺化程式設計，從而使開發者可以基於同一工程，高效構建多端自動運行App，實現真正的一次開發，多端部署，在跨設備之間實現共用生態。華為方舟編譯器是首個取代Android虛擬機器模式的靜態編譯器，可供開發者在開發環境中，一次性將高階語言編譯為機器碼。此外，方舟編譯器未來將支援多語言統一編譯，可大幅提高開發效率。

鴻蒙OS作業系統的意義：隨著數位電子化發展，人們使用

的終端面臨著簡潔溝通問題，在4G時代，蘋果，谷歌佔有了手機作業系統大部分份額。而電腦作業系統依然是微軟的天下，4G時代，終端設備面臨著互相溝通便利性問題，5G時代，萬物互聯，更多設備接入互聯網，更需要一種作業系統打通各個終端機物聯網體系，做到資料及訊息的便利性、安全性及流暢性。而華為具備全球頂級的5G基礎通信到手機終端，晶片設計的全面的系統集成經驗，這對**鴻蒙**OS生態的建立具備雄厚的背景支持。

8月10日，華為開發者大會的松湖對話環節，華為消費者BG軟體部總裁王成錄稱，華為在和主要的合作夥伴討論中國開源基金會，最快一兩個月，基金會將正式運營起來，這是完全公益的、非盈利的、開放的組織。華為方面也解釋，鴻蒙開源有很多架構，考慮給基金會運作，華為在裡面沒有控制權和主導權。

同時，華為**鴻蒙**OS超越谷歌FuchsiaOS提前發佈，谷歌正在開發面向5G時代的作業系統——Fuchsia，與華為一樣，谷歌的目標是通過Fuchsia把整個物聯網時代的生態，統一到一個作業系統上面運行，從智慧手機到座式電腦、平板或筆記型電腦、汽車、智慧音箱、智慧家居等都可以用上Fuchsia，旨在構建一個多層級的互聯，智慧的未來生態。

2.4 新聯結，新電視，華為榮耀智慧屏

8月10日，華為發佈榮耀智慧屏，它是全球首款搭載鴻蒙作業系統的智慧電視，它擁有三顆自研晶片——鴻鵠818智慧晶片、AI攝像頭的海思NPU晶片、旗艦手機級的Wi-Fi晶片。

用戶可以像使用手機一樣使用智慧屏，實現全語音操作、全場景互聯，可實現與手機大小屏魔法互動，遠端視頻等功能。內置的升降式AI攝像頭會「思考」，需要它時，可以追蹤人像，不需要它時，便不會打擾。大小屏視頻通話無縫切換。

榮耀智慧屏未來將成為家庭訊息共用中心、控制管理中心、多設備交互中心和影音娛樂中心。

在華為開發者大會期間，華為視頻正式對外發佈全新的內容開放合作平臺「百花號」。百花號不僅是一個開放資源、共用管道的合作平臺，也是一個視頻聚合、分發、交易、運營的商業平臺，為合作夥伴提供分發管道、行銷推廣、分銷變現等服務。伴隨百花號上線的還有華為視頻全面升級的資源扶持和內容分成計畫：競芳計畫。

2.5 方舟編譯器

2009年，華為啓動5G基礎技術研究的同時，開始創建編譯組，2016年，成立編譯器與程式設計語言實驗室。2019年，方舟編譯器正式面世。

一方面方舟編譯器解決安卓作業系統Java虛擬機器問題，另外方舟編譯器就像「萬能翻譯」，Java／C／C＋＋等混合代碼一次編譯成機器碼直接在手機上運行，徹底告別Java的JNI額外開銷，也徹底告別了虛擬機器GC記憶體回收帶來的應用進程掉線，使操作流暢度大幅提升。

在未來經過方舟編譯器編輯的APP，不僅可以運營在安卓系統中，也可以用在5G時代的鴻蒙OS系統中，形成萬物互聯的全場景應用環境。

2.6 高斯資料庫

軟體領域四個重要組成部分就是程式設計語言，資料庫，作業系統，編譯器。

對於個人來說，除了電腦手機應用，瞭解作業系統，很少瞭解編譯器、資料庫這些理念，但對於互聯網公司及重要行業來說，資料庫是軟體行業皇冠上的明珠，也是軟體行業中的重工業。

長期以來，全球及中國資料庫市場基本是甲骨文資料庫天下，而華為通過十年努力，900位元資料庫頂尖專家和人才持續投入，研發出中國自己的世界級GaussDB（高斯）資料庫。華為GaussDB已廣泛應用於金融、安全、運營商等企業客戶，全球累計交付數百個商用局點，其中在金融領域，已應用於中國工商銀行、招商銀行、民生銀行、中原銀行、上交所、中國太保等二十多家重量級企業客戶，積累了豐富的資料庫領域經驗。

華為有了方舟編譯器、鴻蒙OS、高斯資料庫，華為自研程式設計語言CM有可能在未來成熟時候發佈。

2.7 華為黑科技地圖服務Cyberverse

8月11日，繼鴻蒙作業系統與榮耀智慧屏後，華爲在松山湖歐洲小鎮，發佈了地圖服務 —— Cyberverse，這是一款基於華爲地圖訊息、AR、結構光、ToF、5G等各種技術的綜合技術，專案負責人、華爲Fellow羅巍，將其稱之爲「地球級的數字新世界」。

該技術通過空間計算銜接使用者、空間與資料，將爲使用者帶來全新的交互模式與顛覆性的視覺體驗。空間計算指的是無縫地混合數位世界和現實世界，讓兩個世界可以相互感知、理解和交互。

除了宏觀地圖上用GPS／北斗衛星信號定位，室內以及一些微觀場所，則可以運用結構光、ToF以及SLAM等技術來完成建模定位，再通過使用者分享等綜合方式，從而也能達到釐米級的精度。但是這些資料的上傳，是需要通過使用者的允許和認證才能進行，充分保護用戶的隱私權。

華爲Cyberverse將在景點、博物館、智慧園區、機場、高鐵站、商業空間等提供服務。今年年底將在中國一線城市五個地點開放測試版；在2020年第四季度末，會在一千個地點提供體驗服務。

羅巍表示：華爲做Cyberverse這項技術，並不是要讓別的LBS公司沒飯吃，而是希望可以打造一個全新的數位世界，讓大家可以在這樣一個平臺上一起爲消費者提供服務。地圖只是這個願景中數位世界基礎的基礎，能提供雲管端的全面技術來支援Cyberverse。同時，Cyberverse技術中的AR部分是全面開放的，

Google的AR Core、蘋果的AR Kit都可以納入，華為自家的AR Engine自然更沒有問題。

2.8華為計算與人工智慧及雲系統

5G、高速計算、AI人工智慧，是時代的變革者、驅動者、引領者。

2019年9月9日，任正非接受《紐約時報》專欄作家、《世界是平的》一書作者湯瑪斯·弗里曼採訪時，當湯瑪斯·弗里曼問到：隨著摩爾定律趨近極限，華為要研究的下一個前沿領域是什麼？是6G還是基礎科學研究？您想要攀登的下一座大山是什麼？任正非的答案是：人工智慧。

此前，任正非在多次接受採訪中，表達了華為要把人工智慧當作下一個想要攀登的大山。

華為要打造一個人工智慧平臺AI引擎，能讓全社會參與其中，廣泛應用於生產、生活、社會全場景，並提高生產力。

5G時代，華為要做一個聯接與計算的全場景戰略，配合人工智慧廣泛延伸，在未來的智慧世界裡，聯接到哪裡，計算就到哪裡，哪裡有計算，哪裡就有聯接，聯和計算缺一不可，聯接和計算這兩大技術，就像一對孿生兄弟，相互促進、協同發展。

處理器是整個計算產業最基礎的部分，經過多年投資努力，華為已經發佈了多個系列的處理器，其中包括支援通用計算的鯤鵬系列，支援AI的昇騰系列，支援智慧終端機的麒麟系列，以及支援智慧屏的鴻鵠系列。

鯤鵬面向通用計算場景，昇騰面向人工智慧AI場景，通過兩個晶片系列，來引領計算產業邁向智慧和多樣性計算時代。

華為從鯤鵬計算平臺、昇騰AI計算平臺計算戰略佈局：

▶ 基於鯤鵬計算平臺，打造面向通用計算的TaiShan伺服器產品，在大數據、分散式存儲、ARM原生等應用場景，

爲客戶提供性能出眾、能效更優、安全可靠的解決方案；

▶ 基於昇騰計算平臺，打造面向AI計算的Atlas系列產品，在平臺、架構、演算法和應用軟體等多個層次與業界ISV深入合作，共同實現普惠AI的戰略目標；

2018年10月，在華爲全連接大會上，華爲公佈了華爲全棧全場景 AI 戰略計畫，全場景包括：消費終端、公有雲端、私有雲、邊緣計算、IoT行業終端這五大類場景。

2019年9月18日，9月19日，華爲全聯接大會，華爲基於「鯤鵬＋昇騰」雙引擎，全面啓航計算戰略，並通過硬體開放、軟體開源、使能合作夥伴三個層面，共同做大計算產業，與夥伴實現商業共贏。

華爲智慧計算新產品：

1、鯤鵬伺服器主機板。

2、鯤鵬桌上型電腦主機板。

3、開原始伺服器歐拉（EulerOS）作業系統、高斯資料庫。

4、提供鯤鵬開發套件：編譯器、分析掃描工具、代碼移植工具、性能優化工具。

5、AI訓練卡Atlas 300。

6、AI訓練伺服器Atlas 800。

7、發佈了六十九款基於鯤鵬處理器的雲服務和四十三款基於昇騰處理器的雲服務，爲雲服務帶來最強算力，讓雲無處不在，讓智能無所不及。

華爲推出智慧計算新產品：鯤鵬伺服器主機板，鯤鵬桌上型電腦主機板。

首先是鯤鵬主機板開放，華爲鯤鵬主機板採用多合一SoC、

xPU高速互聯、100GE高速I／O等技術。它不僅搭載了鯤鵬處理器，還內置了BMC晶片、BIOS軟體。華為將開放主機板介面規範和設備管理規範，提供整機參考設計指南，合作夥伴可以在鯤鵬主機板之上，開發出自有品牌的伺服器和桌上型電腦產品。

華為表態將支持合作夥伴發行基於伺服器歐拉（Euler OS）作業系統的商業版，支援各行業主流應用和軟體遷移到基於open Euler的作業系統上。

2019年5月，華為正式發佈了高斯（Gauss DB）資料庫，具備AI-Native自調優能力，並且基於鯤鵬研發，能充分發揮鯤鵬的平行計算能力，開源版本的名稱為open Gauss，並將於2020年6月全面上線，可覆蓋企業70%以上的資料庫業務場景。

華為在伺服器領域，通過開放鯤鵬處理器、鯤鵬主機板、開原始伺服器歐拉（Euler OS）作業系統、高斯資料庫等，向合作夥伴提供基礎服務，並宣佈除了自有生態需要，適當時機退出伺服器市場領域，讓利於合作者，以更好的發展鯤鵬生態。

在伺服器市場，英特爾作為傳統CPU龍頭，佔據伺服器晶片市場90%以上的市場份額，華為通過開放與開源，建立伺服器與電腦生態鏈條，打造基於ARM伺服器生態體系的Winte！

基於昇騰系列AI處理器，華為發佈了全球算力最強的Atlas全系列產品，包括全球最快的AI訓練集群Atlas 900、智慧小站Atlas 500，AI訓練伺服器Atlas 800以及AI推理和訓練卡Atlas300，覆蓋雲、邊、端全場景。AI訓練集群Atlas 900由數千顆昇騰處理器組成，算力強大，可廣泛應用於科學研究與商業創新，比如天文探索、氣象預測、自動駕駛、石油勘探等領域。

為了讓各行各業獲取超強算力，華為推出六十九款基於鯤鵬的雲服務和四十三款基於昇騰的AI雲服務正式上線，不僅僅

可以用於雲計算場景，也能夠應用到終端、邊緣計算場景中。

華為雲服務可廣泛用於AI推理、AI訓練、自動駕駛訓練等場景。同時華為正式宣佈，面向訓練和推理提供強勁算力，並以極優惠的價格，面向全球科研機構和大學開放。

華為AI首先應用於自己基站安裝場景，原來一個基站安裝完以後，一定要到現場才能做驗收。現在採取AI技術，不用去現場，效率提高到幾千倍、上萬倍。在華為內部，華為財務每年有超過五百萬張單據用AI直接識別支付，比人工更準確、效率更高。

為打造未來基於5G競爭力，由此華為把握自己核心，開放生態，並搭建一套軟硬結合的產品組合。

華為將從四方面加速建立生態，其一，未來五年，華為計畫投入十五億美金用於發展產業生態，聯合行業夥伴打造完整的產業生態鏈和具有競爭力的解決方案，其二，未來五年，華為將聯合各社區和高校培養五百萬開發者，為計算產業注入活力。其三，華為聚焦處理器和軟體，雲平臺的開發，推動各區域的夥伴根據自身特點，打造本區域的鯤鵬產業。其四，聯合綠色計算產業聯盟、邊緣計算產業聯盟等，制定開放的軟硬體標準體系。

華為公司已經在廈門、重慶、成都、深圳、上海、寧波、長沙七大城市建立鯤鵬生態中心，過去十年，華為公司在鯤鵬CPU晶片研發上，已經投入資金兩百億人民幣，技術已可媲美英特爾公司的產品。

比如在2019年9月10日，華為公司在長沙建立鯤鵬計算產業生態，根據協定，長沙業務將圍繞鯤鵬計算產業生態，以及打造智慧網聯汽車產業生態兩個主要業務。智慧網聯方面，華為公司將在長沙打造智慧網聯汽車產業雲，加強在車路協同、物流、公

共交通、市政環衛、自動泊車、出行服務等智慧網聯汽車應用場景的技術研發，通過國產北斗衛星定位、高精地圖、演算法、傳感、執行等領域的上下游產業鏈合作夥伴，打造全國領先、開放創新的智慧網聯汽車應用場景體系！

5G、AI、高速計算，是任正非認為下一次工業革命的三大基礎。

中國科技部在2019世界人工智慧大會上宣佈，華為擔綱建設基礎軟硬體國家新一代人工智慧開放創新平臺。依託華為自研的晶片、板卡、基礎運算元庫、基礎框架軟體，進行全棧優化，並提供全流程的、開放的基礎平臺類服務；使能雲、邊、端等各個場景、各個領域的應用創新；讓各行各業、廣大科研機構可以專注於自己的行業知識、研究領域，從而助力各行各業、廣大科研機構來構建自己的AI應用與系統，加速普惠AI落地。

2.9 5G時代的華為生態

因為美國政府的限制，華為新款手機將面臨著不能使用谷歌應用全家桶的問題，華為確定在2019年9月19日，發佈搭載麒麟990全球首款全集成5G SoC晶片的Mate30系列手機中，不預裝谷歌應用全家桶。

這對國內市場來說，因為應用生態場景不同，對華為手機銷售幾乎沒有影響，這會影響華為手機在世界銷售，尤其對於高端手機需求比較大的歐洲來說，將面臨著銷量下滑的問題。

由於此前谷歌基於免費安卓OS操作體系，通過與手機廠家合作，在全球預裝自己的搜索、地圖、視頻等應用，建立了龐大的生態體系，形成了手機終端客戶的習慣性依賴。

對此任正非在接受採訪時認為，這短期會影響華為海外市場的銷售，但這未來兩至三年內，華為會通過建立新的生態來解決問題。

如果隨著中美貿易態度的緩和，有可能繼續按照原來模式合作，互相共贏，如果美國繼續封殺華為，對於互聯網生態來說，對於美國及谷歌等公司來說，這也是一把雙刃劍，世界可能進化出不同的技術路線標準。

對美國，谷歌來說，這也面臨著巨大考驗，如果在未來幾年內，缺乏互聯網基因的歐洲因此扶持歐洲互聯網應用生態企業，無疑這對美國及谷歌也會造成重大損失。

同樣，搭載鴻蒙OS作業系統的華為手機，如果在國內大量使用，建立起打通手機、電腦、電視、車載的超級5G萬物互聯生態，這對谷歌生態也會造成重大打擊。

2019年9月9日，任正非接受《紐約時報》專欄作家湯瑪

斯・弗里曼採訪時：

湯瑪斯・弗里曼認為，過去三十年，中美貿易交易的大多是表面的商品，比如說我們身上穿的衣服和腳上穿的鞋子。但華為所代表的意義在於，你們向美國銷售的5G技術已經不再是表面的商品，而是「深層商品」。原來美國向中國銷售這類「深層技術」，中國沒有選擇，因為只有美國擁有「深層技術」，現在中國也想把「深層技術」賣到美國市場，因為「深層技術」是先進的技術，美國還沒有和中國建立起進行「深層貿易」所需的信任度。因為這個原因，在我看來，要麼解決好華為的問題，要麼全球化就會走向分裂。

為了平衡矛盾，平衡鬥爭，任正非認為：華為可以向美國企業轉讓5G所有的技術和工藝秘密，幫助美國建立起5G的產業來，這樣我們提供了一個5G的基礎平臺以後，美國企業可以在這個技術上往6G奮鬥。美國可以修改5G平臺，從而達到自己的安全保障，可以幫助美國節省兩千四百億美元的5G建網成本。跳過5G，直接上6G是不會成功的，因為6G的毫米波發射範圍太短，因此構建一個6G網很困難，而且是十年以後的事了。

華為硬體系統主要用於自己的產品，如果建立全場景生態體系，需要聯結更多社會各行業生態，需要部分硬體對外開放，讓國內外各行業甚至競爭對手建立連接入口，如何通過開放的軟體、硬體系統，重新塑造底層生態是未來一個重要的考量。

2.10華為發佈面向2025十大趨勢

2019年8月8日，華為發佈面向2025年十大趨勢，提出智慧世界正在加速而來，觸手可及。華為預測：到2025年，智慧技術將滲透到每個人、每個家庭、每個組織，全球58%的人口將能享有5G網路，14%的家庭擁有「機器人管家」，97%的大企業採用AI。

華為基於對交通、零售、金融、製造、航空等十七個重點行業的案例研究，並結合定量資料預測，進一步提出了面向2025的十大趨勢，它們分別是：

趨勢一：是機器，更是家人

隨著材料科學、感知人工智慧以及5G、雲等網路技術的不斷進步，將出現護理機器人、仿生機器人、社交機器人、管家機器人等形態豐富的機器人，湧現在家政、教育、健康服務業，帶給人類新的生活方式。

GIV預測：2025年，全球14%的家庭將擁有自己的機器人管家。

趨勢二：超級視野

以5G、AR／VR、機器學習等新技術使能的超級視野，將幫助我們突破空間、表像、時間的局限，見所未見，賦予人類新的能力。

GIV預測：2025年，採用VR／AR技術的企業將增長到10%。

趨勢三：零搜索

受益於人工智慧及物聯網技術，智慧世界將簡化搜索行爲和搜索按鈕，帶給人類更爲便捷的生活體驗：從過去的你找訊息，到訊息主動找到你；未來，不需要通過點擊按鈕來表達你的需求，桌椅、家電、汽車將與你對話。

GIV 預測：2025年，智慧個人終端助理將覆蓋90％的人口。

趨勢四：懂「我」道路

智慧交通系統將把行人、駕駛員、車輛和道路連接到統一的動態網路中，並能更有效地規劃道路資源，縮短應急回應時間，讓零擁堵的交通、虛擬應急車道的規劃成爲可能。

GIV預測：2025年，C-V2X（Cellular Vehicle-to-Everything）蜂窩車聯網技術將嵌入到全球15％的車輛。

趨勢五：機器從事三高

自動化和機器人，特別是人工智慧機器人，正在改變我們的生活和工作方式，他們可以從事處理高危險、高重複性和高精度的工作，無需休息，也不會犯錯，將極大提高生產力和安全性。如今，智慧自動化在建築業、製造業、醫療健康等領域中廣泛應用。

GIV預測：2025年，每萬名製造業員工將與一百零三個機器人共同工作。

趨勢六：人機協創

以人工智慧、雲計算等技術的融合應用，將大幅度促進未

來創新型社會的發展：試錯型創新的成本得以降低；原創、求眞的職業精神得以保障；人類的作品也因機器輔助得以豐富。

　　GIV預測：2025年，97%的大企業將採用AI。

趨勢七：無摩擦溝通

　　隨著人工智慧、大數據分析的應用與發展，企業與客戶的溝通、跨語種的溝通都將可能變得無摩擦，因爲精準的訊息到達，人與人之間更容易理解、信任彼此。

　　GIV預測：2025年，企業的資料利用率將達86%。

趨勢八：共生經濟

　　無論身在何處、語言是否相通、文化是否相似，數位技術與智慧能力逐漸以平臺模式，被世界各行各業廣泛應用。各國企業都有機會在開放合作中，共用全球生態資源，共創高價値的智慧商業模式。

　　GIV 預測：2025年，全球所有企業都將使用雲技術，而基於雲技術的應用使用率將達到85%。

趨勢九：5G，加速而來

　　大頻寬、低時延、廣聯接的需求，正在驅動5G的加速商用，將滲透到各行各業，並比我們想像中更快地到來。

　　GIV預測：2025年，全球將部署六百五十萬5G基站，服務於二十八億使用者，58%的人口將享有5G服務。

趨勢十：全球數位治理

觸及智慧世界，遇到了新的阻力和挑戰。華為呼籲全球應該加快建立統一的資料標準、資料使用原則；並鼓勵推動建設協力廠商資料監管機構，讓隱私、安全與道德的遵從，有法可依。

GIV預測：2025年，全球年存儲資料量將高達180ZB。

華為全球ICT基礎設施業務首席行銷官張宏喜表示：「人類的探索永不止步，從地球到太空要飛得更高，從過去到未來要看得更遠，從創新到創造要想得更深。今天，以人工智慧、5G、雲計算為主導的第四次工業革命所帶來的改變，正在改變各行各業，推進智慧世界加速到來。華為致力構建無處不在的聯接、普惠無所不及的智慧、打造個性化體驗和數位平臺，讓每個人、每個家庭、每個組織從中受益，讓智慧世界觸手可及。」

華為發佈的十大趨勢中，與這本書有幾個部分類同。

趨勢三：零搜索與第三章超級帳戶理念類似。

趨勢八：共生經濟與第三部分AI複合體經濟理念符合。

趨勢十：全球數位治理，與第四部分部分資料重合。

當然，這些資料早在華為趨勢發表之前就已經寫完，像共生經濟的理念早在一年前就發表在公眾號上了，這些研究涉及到更深度系統問題，這恰恰說明本書的價值。

第3章

超級帳戶，超級個人APP，超級財富

3.1 互聯網及APP對個人隱私的侵犯

2019 年 3 月 15 日，全國關注的央視「315 晚會」，曝光了多個行業存在的違規問題。醫療垃圾、生產辣條衛生問題、造假土雞蛋、不衛生的衛生用品、家電售後的欺騙等，而其中產業鏈龐大的智慧型機器人騷擾電話的曝光，更令人觸目驚心。

我們每天接到的各種各樣的推銷電話可能不是真人，而是 AI 機器人。央視曝光了多家企業，整個產業鏈條包括智慧型機器人騷擾電話 + 大數據行銷 + 探針盒子。智慧型機器人為一家公司服務一年，能夠呼叫出四十多億次電話。

人工智慧騷擾電話：一些公司利用外呼機器人撥打電話，代替之前傳統的人工外呼打電話的行銷方法。此前人工呼叫一天最多只能打三百到五百個電話，而這些機器人一天最多可以打五千個電話。這種人工智慧騷擾電話，目前已受到貸款、房地產、收藏品、金融、整形等三十幾個行業的行銷公司的歡迎。

由於 AI 技術的發展，很多人無法分辨這些 AI 機器人與真人之間的區別，甚至有些公司還配備了錄影棚模仿多種人的聲音，來提高 AI 騷擾電話的模仿能力。

2018 年 7 月，工信部十三部門印發「綜合整治騷擾電話專項行動方案」的通知。開始重點整治這些商業行銷類、惡意騷擾類和違法犯罪類騷擾電話。但為了逃避監管，一些機器人研發公司甚至採用了一種叫「硬體透傳」的技術，使得個人受到騷擾電話後，無法查詢到真實的電話號碼，讓監管部門也無法查詢電話來源。

竊取信息的「探針盒子」：央視曝光一種隱蔽性非常強的探針盒子的裝備，安裝在在商場、超市、辦公樓、便利店等公

共場所。當個人手機的無線局域網處於打開狀態時，會向周圍發送信號，這個信號被探針盒子發現後，在手機使用者不知情的情況下，就能迅速識別並採集到戶手機的 WLAN MAC（無線局域網）位址，再將 MAC 轉換爲手機號碼，與大數據相互「匹配」，最終可以獲取手機使用者的個人訊息。

這些是騷擾電話的重要來源之一。

APP竊聽：2019 年 3 月 24 日，電腦報消息，在2019中國發展高層論壇上，北京大學教授何帆表示，無論是中國企業還是民眾，對全球化和科技都很樂觀。他稱「中國的消費者在擁抱高科技的時候是毫不畏懼的，很多時候，中國的消費者不太在意隱私權」。

近日，網路尖刀團隊自編程式證實安卓手機鎖屏後，App 仍可實現「監聽」。該團隊表示，做這個程式就用了幾小時，基礎研發人員都能做出來。關於關閉 app、說方言的「監聽」問題，他表示都是有辦法解決的，「比如識別四川話、廣東話等主流方言，和識別普通話相比，門檻並沒有變多高」。3 月 18 日，IT 之家報導了幾起APP 竊聽真實事件。比如，2018 年 11 月中旬，上海的孫女士在和同事閒聊時提到想喝某種奶茶，在打開某飲食 App 時，在推薦商家首頁看見了這種品牌的奶茶。讓孫女士疑惑的是，自己之前從未在餓了麼買過奶茶，「此前也沒有使用任何手機 App 搜索過這種奶茶的相關訊息」，只是她的手機後臺，同時打開著多個知名的App。

在知乎上搜索「APP 竊聽」關鍵字，會出現一大批相似問題。

APP 過渡獲取個人權力：大部分 APP 包括知名互聯網公司，都在獲得個人許可權，並依靠資料盈利（如下圖）。

需要以下权限，您是否允许？

存储
* 读取存储卡中的内容
* 修改或删除存储卡中的内容

电话
* 获取设备识别码和状态
* 拨打电话

位置信息
* 访问大致位置信息（使用网络进行定位）
* 访问确切位置信息（使用 GPS 和网络进行定位）

相机
* 拍摄照片和录制视频

您可以在系统"设置"中停用这些权限。

取消　　　允许

需要以下权限，您是否允许？

麦克风
* 录制音频

通讯录
* 查找设备上的帐号
* 读取联系人

信息
* 接收短信

日历
* 读取日历
* 新建/修改/删除日历

其他权限

您可以在系统"设置"中停用这些权限。

取消　　　允许

微信朋友書香認為：現在一些 APP 捆綁開通的功能確實太多了，安裝時一不小心就中招。有的不想同意這類捆綁功能時，還不讓安裝使用。最常見的就是要求訪問個人通訊錄、電話、短信、位置等，甚至手機的聊天記錄也能被看到。如果這些功能都被允許了，個人的隱私保護幾乎就形同虛設。對這些惡意 APP，需要加大處罰力度，以達到威懾作用。

除了個人隱私侵犯問題，現在用戶面臨著越來越多 APP 的問題，每個人平均幾十個 APP，已經擾亂了人們正常獲取訊息及服務的方式。而超級帳戶，個人超級 APP，就是要改變這種訊息獲取傳統，保護個人隱私及資料安全。在未來，APP 互聯網要更多轉型於產品與服務品質的提升。

3.2 5G時代價值連城的個人APP——超級帳戶

　　隨著5G時代，可連接的設備越來越多，互聯網場景越來越多，如何解決個人隱私，幾十個APP，頻繁的APP註冊。這就需要有基於個人的APP——超級帳戶系統。

　　這個APP系統帳戶以個人為中心，而不是依賴中心化的網站，這個帳戶，允許你通過手機、一個電子戒指，可穿戴設備的電子戒指，手錶，眼鏡，指紋，人臉識別，身份證等喚醒自己雲中的APP，就可以走遍全國，甚至是暢行世界，但個人隱私做到最大安全。

　　超級帳戶APP是以個人為中心的訊息安全性原則，包含金融，購物，就業，照片，隱私，文章等。其不再允許互聯網公司輕易獲得個人許可權，以保障個人訊息安全。超級帳戶屬於個人超級 APP，結合晶片，作業系統支援下的 APP。

　　超級帳戶以個人為驅動單位，是自己獲得權益的平臺，也是其他互聯網服務公司及生活、工作場景的一個介面。

　　到目前為止，幾乎所有的互聯網都是基於互聯網企業提供的技術或者平臺為客戶提供服務。搜索、社交、電商、支付等平臺及企業以自己為中心，一方面通過向大眾提供免費或激勵服務吸引流量，一方面通過客戶流量向企業提供廣告賺取利潤，所以即使已經花錢購買服務的客戶，也避免不了被廣告所困擾。

　　被商業利益驅動的互聯網公司，利用優勢為自己賺取大量利潤的同時，也提供了一些優質產品及服務。因為利益驅動，互聯網公司更願意用驚奇吸引人們的關注，讓更多投入廣告的訊息而不是優質訊息展現在人們面前，因此，訊息也變得失真。由於

移動互聯網便利性及不同企業的 APP 的網路需要，人們需要頻繁註冊訊息，所以個人隱私已經無法受到良好保護，甚至個人隱私被大量出賣，這嚴重危害個人財務及人身安全。

互聯網媒體讓傳統報紙、電視臺痛苦不堪，而亞馬遜、京東、淘寶這樣的購物平臺，也讓傳統超市及商場面臨困境。

同時自動化、智慧化機器的使用，讓工廠的工人越來越少，而互聯網等高科技企業新人成長速度快，中年技術員工的學習進步速度，跟不上技術更新反覆運算的頻率，這些對中年技術員工造成很大壓力。另一方面，資源越來越向少數企業集中，人們一邊欣喜迎接新的技術帶來的便利，但同時也在面臨就業與生活的不確定性，這讓更多人焦慮不安。

而超級帳戶另一個最重要的作用是，它是你獲取資金、信用、就業、生活、消費、醫療、住房、學習、發佈智慧財產權獲取報酬等的依據，甚至從出生到養老，超級帳戶陪伴你的一生。

在 5G 時代，互聯網訊息在大部分地區是無所不在的資源，超級帳戶可以利用硬體與軟體結合，或者利用純硬體、純軟體、其他技術，建立在手機、個人儲存，智慧手錶、智慧手環、卡片、電腦或者雲分佈上。

簡潔是超級帳戶的主要特徵：在 4G 之前的時代，手機成為主要的通訊與訊息交流工具。購物、支付帶來方便的同時，互聯網訊息已經讓你無所適從，眾多的註冊手續讓你疲於應付，訊息洩露帶來不安全感，還有重複的訊息、廣告轟炸、朋友圈的微商刷屏，以及其他的無效訊息，甚至危害訊息也進入你的視野。

所有這些原因，都是因為互聯網工具從屬於互聯網公司，互聯網公司大部分免費為你提供訊息，而他們需要廣告、流量等的支持。

　　超級帳戶是基於個人訊息建立的平臺，是基於硬體、軟體（或其他技術）結合起來屬於個人的私有領地，你自己就是擁有者。

　　基於個人帳戶的互聯網時代，是屬於真正為個人訊息定製的時代。你與信任的公司合作，在你帳戶上創建展示自己才華的訊息，然後在與你合作的互聯網公司上（比如微博、微信、百度）自動發佈你的訊息，自動把你發佈的訊息收益彙集到你的帳戶，你不再重複註冊，重複地被各個互聯網公司左右。你的帳戶、帳號只有一個，不再重複註冊，互聯網公司反而會根據你的介面訊息，給你喜歡的昵稱，在你的允許範圍之內行事。

　　同時，你訂閱的個人專欄訊息，你的興趣愛好訊息，學習、技能培訓訊息，也會按你的要求彙集到你的視窗範圍及個人服務雲端或者伺服器上，並得到安全保障。

　　超級帳號的功能，除了以上，還應該提供更多幫助，如果你不是懶惰的人，你沒必要為購物消費、醫療，住房、孩子教育、養老、就業等問題擔心，你的帳戶週邊有幾層為你服務的公司，你的就業、住房、消費都有這些公司提供優化組合，你們雙方彼此信任，另外政府也會提供基礎保障。

　　以個人超級帳戶為基礎的互聯網，將重新塑造互聯網商業生態，延展到更廣闊的現實生活與社會領域。

　　個人超級帳戶APP，連接萬物智慧，人們可以把家中的智慧音響、電視、冰箱等喚醒，也可以通過手機、電腦、智慧汽車，或者無所不在的智慧設備，進入自己的APP系統。

3.3 萬維網之父宣示要顛覆自己開創的互聯網世界

據麻省理工科技評論消息：2019 年 1 月 19 日，全球新興科技峰會上，曾經參與早期互聯網協定與通信模式，被譽為「互聯網之母」的戴爾易安信研究員 Radia Perlman 呼籲：「我們不應該過於看重如何使用技術，而是應該從解決什麼問題出發，不要陷入技術狂熱。在網站上註冊帳號時，每個人都會被要求填寫密碼，不同網站有不同的密碼設定規則，還有不同的安全問題，是誰想出來的這些問題？」

Perlman 認為，基於安全問題的用戶身份驗證機制雖然簡單，看起來符合直覺，但事實上並不適用於每一個人，而是強加於用戶身上。

萬維網之父、麻省理工學院教授 Tim Berners-Lee 在全球新興科技峰會上發表演講，他指出：互聯網已經喪失最初的精神，長尾效應已經失效。少數的公司已經佔據了大部分互聯網市場份額，現在許多大型社交網站決定了用戶看到什麼，甚至決定了他們怎麼思考、怎麼行動。很多虛假新聞故意操控人們的思維，喚醒大眾的負面情緒，從而操縱民意。為此，Tim Berners-Lee 教授推出開源去中心的 Solid 平臺，宣示要顛覆自己曾開創出來的互聯網世界。

會後，Tim Berners-Lee 教授接受了 DeepTech 深科技獨家專訪，進一步指出，他認為經過「劍橋分析」（Cambridge Analytica）Facebook 使用者資料洩露事件後，突然間讓人們真正意識到資料隱私問題的嚴重性，並開始瞭解到掌控個人資料的重要性。

　　而他所提出的解決方案——Solid，其核心概念是一個個人資料存儲系統 Solid POD，使用者可以將在網上產生的資料，都儲存在自己的 Solid POD 中，而不是互聯網公司的伺服器上。這樣的話包含連絡人、照片和評論等所有資料由個人掌握，使用者可以隨時新增或刪除資料，授權或取消給他人讀取或寫入資料。這樣一來，使用者不再需要以犧牲個人隱私、資料自主權的方式，來交換互聯網公司提供的免費服務。

　　使用者可以將 Solid POD 資料，儲存在自家的電腦或者 Solid POD 服務供應商那裡。而每個人或者公司也都可以通過 Solid 的開源介面，開發成為 Solid POD 服務供應商，如 Berners-Lee 自己為此創辦了一個 Inrupt 公司，來推動這樣的服務市場。Tim Berners-Lee 進一步解釋，Solid 系統大體的原則就是：有不同的資料，放在不同的地方，可以連接任何的 APP。但是任何 APP 都應該和任何的途徑相相容，這就是 Solid 的一個協定，這個協定是一個不能變的標準，但要實現並不困難，任何開發者隨時都可以做。

　　當開發者開發自己的 APP 時，程式設計所使用的是全球通用的 Solid API，它是一個標準化的東西。只要 API 可以相容，那麼開發者在打造應用的時候，就會發現已經有成百上千個人在使用你的 APP 了。因為所有的東西都已經是相容的，而且是一致的標準。

　　對於 Solid 是否最後形成中心化的壟斷，形成中心化的頭部效應，讓去中心化理想迅速變質，Berners-Lee 也表示擔憂。他認為包含政府在內的角色將非常重要，比如歐盟推動的 GDPR 便是一個例子。他也特別提到，英國已經通過 Open Banking 的政策，強制要求大型金融機構開放資料，開放 API，讓使用者個人

可以拿回資料自主權，也可以供其它外部協力廠商開發更多應用，為個人提供更好的服務。

　　萬維網之父、麻省理工學院的 Tim Berners-Lee 教授與我提出了相同的理念，幾年前我就在微信群裡與一些朋友探索並做了思考，今年看到 Tim Berners-Lee 教授這個消息的時候，我已經寫完了超級帳戶的資料。當時不急於發表，或者沒有寫作出版，是因為我希望有大公司有機會能看上，好高價賣給他們，一個企業的戰略佈局，可能意味著幾十億、幾百億的增值，正如我十幾年前曾經提出的互聯網超市線上線下結合、電子支付，每個人的能力總是有限的，而我自己無法實現這些目標，當然我希望這些創意獲得智慧財產權的尊重與保護。

3.4 鴻蒙OS與華為晶片對於超級帳戶的意義

華為鴻蒙OS系統是一種面向5G時代、跨平臺、微內核、分佈架構、全場景的作業系統，結合華為安全晶片，可以打造基於個人APP超級帳戶系統。

在安全設置方面，華為 2019 年 2 月 24 日在西班牙巴賽隆納召開新品發佈會推出 5G 手機 Mate X，使用者身份訊息將以加密形式發送，讓用戶身份更加安全，防止使用者身份訊息及通信內容被篡改。

在華為最新發佈的華為 Mate 20、P30 系列手機中，已經具備了如下功能：

華為晶片安全系統：華為Mate 20、P30 手機中，「芯」中有盾，用得放心，華為麒麟晶片就集成了安全單元，用來存儲使用者的原始指紋資料，並且所有指紋和指紋對比全部放在晶片的 Trust Zone 中完成。包括微信和支付寶既華為自身的任何應用，都無法獲取使用者原始指紋生物識別訊息。此外，相比獨立的安全晶片而言，華為麒麟芯的安全單元，即使遭遇暴力拆解，也無法恢復安全單元裡的生物識別訊息。這保證了移動支付及其系統的安全性。

密碼保險箱：為了應對用戶在網站、APP 上設置的密碼太多記不住，每次登陸麻煩的問題，華為Mate 20系列的「密碼保險箱」，為使用者保存好各個應用的不同密碼。密碼保存在「密碼保險箱」後，你只需要使用鎖屏密碼、指紋或者人臉識別驗證，便可成功登錄應用。而且，所有應用帳戶和密碼都存儲在手機本地，更不會上傳到任何雲端。

手機就是電子身份證：華為手機還有一個強大的功能，就是手機可以當電子身份證。2018 年 8 月，華為與政務聯合簽發的網路電子身份標識（eID），以密碼技術為基礎，以智慧安全晶片為載體，在安全與不洩露隱私的前提下，能夠遠端識別身份訊息。

華為錢包 —— 電子證照 —— 公民網路電子身份標識 —— 立即開通。eID 具有唯一性，手機丟失後，可以登錄雲空間進行 eID 的刪除；另外，在新手機上開通 eID 後，舊的將即刻失效，無法被冒用。

華為錢包：2019年9月26日，華為在國內正式發佈Mate30系列手機，並宣佈華為錢包 App 同步上線自動選卡功能。華為錢包支援自動選卡功能，用戶可以將銀行卡、交通卡、門鑰匙、eID（電子身份標識）等卡片添加到「華為錢包」中。

在熄屏狀態下，無論是乘地鐵公交，還是開社區門禁、酒店房間，或是刷公司工卡等場景，都只需把手機貼到刷卡設備上，即可自動完成刷卡，無需每次手動切換。與此同時，仍可以做到滅屏按指紋直接進入銀行卡支付介面。

金融級安全支付：麒麟 980 是目前僅有的一家通過全球統一金融支付標準EMVCo 認證的晶片，支援中、歐、美、日金融級支付體系。包括大家所熟知的央行、銀聯、VISA、MasterCard，和北美的 Discover 和 American Express，以及來自日本的 JCB。

支付保護中心：華為支付保護中心能夠自動檢測你的華為手機中，可能存在的支付風險，並且給涉及 Money 的支付 APP（如微信、支付寶、銀行 APP 等）都加上一個「盾」，就像守護金庫一樣守護你的 Money。

個人隱私保護：華為 Mate 20 系列的「應用鎖」，對這些隱私的應用加一把私密的鎖。每個人手機裡總有幾款隱私的應用，如微信、相冊、備忘錄這些隱私應用，別人無法開啓，而使用者自己可以通過密碼、指紋、人臉識別等方式解鎖打開。

華為手機就是車鑰匙：華為 P30 系列與二十多個國家、超過七款奧迪車合作，推出手機車鑰匙功能。輕鬆一刷，手機也可打開車門、發動汽車引擎和鎖車，非常方便！華為 P30 系列的手機車鑰匙功能，將金鑰和演算法邏輯保存在手機晶片中，不會被任何協力廠商應用訪問（包括華為），更不會被複製或暴力破解！其安全性通過了CC&EMVCo 的安全認證！

獨家防 4G 偽基站：華為麒麟晶片就做到了業界獨家晶片級防偽基站，從通信最底層判斷基站真偽，將偽基站危害的可能性從源頭切斷。而針對新型偽基站，華為P30、Mate20 等系列，通過麒麟 980 晶片對 2G、4G 偽基站進行晶片級防控的同時，也結合 AI 技術，將偽基站的防控提升到智能級別。

相對來說，華為的作業系統及晶片等技術，對於建立個人超級 APP 已經具備了技術基礎。而如何連接及應用，發揮真正的集合效應，將成為主要關鍵。

據中國電子報消息：2019 年 3 月 29 日，中國聯通聯合京東等產業鏈頭部廠商，在北京召開「中國聯通 eSIM 可穿戴設備獨立號碼業務全國開通服務試驗暨聯通京東聯合首銷啟動儀式」，正式宣佈將 eSIM 可穿戴設備獨立號碼業務從試點拓展至全國。中國聯通此舉，為整個eSIM 生態鏈吹響了實現大規模全國普遍應用的衝鋒號。據諮詢機構資料，2018 年可穿戴

產品出貨量為 1.2 億台，到 2022 年全球將達到 1.9 億台，目前 eSIM 出貨量也在加速遞增，預計 2020 年達到 2 億個，智慧手環、智慧服飾、智慧耳機等產品都可以成為獨立入網的設備。

eSIM 卡又稱嵌入式 SIM 卡，與傳統的手機卡區別在於 SIM 卡直接嵌入到設備晶片上，不再作為獨立的插入物理 SIM 卡。

相比傳統的 SIM 卡而言，內嵌式 SIM 卡可以使智慧手機、電腦、可穿戴設備、VR、AR 等設備的使用者或物聯網、自動駕駛技術的使用者，避免局限在一家運營商的服務中，其可以實現立即切換其它服務網路，且無需更換 SIM 卡。

eSIM 的出現意味著，瀏覽網頁、連接視頻、撥打電話等不再屬於手機及電腦的專屬，將會有更多的可穿戴智慧設備滿足人們此類的需求。隨著物聯智慧設備等實現功能獨立，提供更好的專屬功能服務，使用者可實現不換號自由切換運營商也將指日可待。

eSIM 主要優勢在於：

1、不占空間。手機一般要留有卡槽的設計空間，而 eSIM 被嵌入到設備晶片之中，對於手環、智慧手錶、微觀智慧電氣等設備來說，eSIM 卡片能夠節省更多的空間，讓產品外型的設計也可以有更多的發揮空間。

2、eSIM 卡片與晶片一體化結合，能夠耐高溫、防塵、抗震，可以適應更惡劣的環境，適應更廣泛的應用場景。

3、靈活性。eSIM 可以靈活地選擇運營商網路、通過雲服務及遠端下載方式，動態寫入使用者簽約訊息，可以實現產品銷售後的使用者自主啟動。

4、eSIM 基於安全域的體系架構及 PKI 安全基礎設施的引

入，提供了更高的安全性。

早在 2018 年，中國移動、中國聯通、中國電信已經開始爲全面啓動 eSIM 做好了準備，未來已來，萬物互聯的時代已經到來。

可以想像，在未來結合 OS 跨平臺一體化作業系統，晶片安全系統，eSIM，萬物互聯的新一代 IPv6 獨立IP 網址系統，使建立安全、靈活、基於個人爲中心的APP 帳戶系統成爲可能，也會驅動晶片的發展，未來可能發展爲更專注的晶片，存儲，OS 作業系統與軟體深度結合的超級個人APP，而個人APP系統將對互聯網生態進行重新塑造，從而誕生更多的新財富機遇。

3.5 超級帳戶的超級財富效應

　　萬物互聯時代，以人為本的驅動力才是萬物互聯的核心，超級帳戶可以把手機、電腦、多個智慧穿戴設備、個人智慧財產權、個人股權、個人金融系統、微觀數位貨幣發行機制、個人就業、消費、住房、醫療、教育、養老、醫療等納入一個簡單的體系之中。

　　以個人超級帳戶建立的體系，面向全球多元化場景，簡潔而便利的生活，會塑造新的財富效應，以個人超級帳戶為中心的財富效應，將在未來逐漸顯現形成一個數以萬億的龐大市場。

　　萬物互聯時代，除了安全，個人資料隱私，無論是手機、智慧穿戴、電腦，還是全球任何角落，人們只需要一個簡單的帳戶。但這個帳戶並不是僅僅固定在手機、穿戴設備或者電腦系統中，超級帳戶代表了個人的資料、支付、信任體系，生活領域中幾乎所有場景，及面向全球的保障體系。而無論訊息儲存在什麼地方，人們需要的是簡潔、合理隱私，信任機制、安全、便利，還有生活場景的豐富多彩。

　　超級帳戶個人APP 系統，打造的超級個人 APP 空間，並不是簡單的APP，在底層需要有華為安全晶片那樣的底層硬體及加密支援，在硬體之上有 OS 作業系統支援，然後才是 APP 軟體支援，這樣的體系能夠更加安全地保護個人隱私。隨著歐盟資料法及美國對網路巨頭涉嫌侵犯個人隱私及壟斷的調查，國際化發展趨勢是，出於對個人隱私，安全，個人資料的保護，這種個人超級 APP 有可能，有必要成為一種國際標準，成為包括手機在內的智慧設備的一種標準，無論在蘋果手機、亞馬遜商店、騰訊、京東、阿里體系、谷歌安卓作業系統及搜索商店系統，還是

在其他 APP 系統及電腦網站、實體工商業，個人都能有夠保障選擇的空間，及建立個人喜好與空間的選擇權，個人可以選擇喜好的公司為自己提供服務。

超級個人APP 空間，可以根據個人喜好，設計簡潔有效的功能及畫面，可以實現定製與互動功能。比如喜好某位明星的歌曲，或者某種風格的音樂，或者個人加入了音樂社區，創造音樂的平臺，個人可以在超級 APP 空間設置功能，搜索或者關注這類消息，甚至直接參與到社區活動中，當然你的歌詞或者製作的音樂，完全可以通過流量或者下載獲得報酬。

有時候我們可能比較喜歡一些科幻電影，或者某一個熱門的精品電視劇，傳統方式是要到騰訊、愛奇藝這樣的網站 APP 購買服務或者包月，而未來通過超級 APP，可以在自己的手機、電腦或電視上看到喜歡的電影、電視劇，這樣的好處就是你只為購買單一服務掏錢，而沒必要為包月買單，而背後是與你個人對接的互聯網服務公司為你做批量處理，當然你如果感覺不合適，可以按傳統方式直接到愛奇藝、騰訊等 APP 上購買服務。

如果你喜歡服裝設計、VR / AR 創作、機械發明，及對電子產品有興趣，通過超級帳戶的超級 APP，你的作品會對接專業的服務公司，有感興趣的關聯公司製造出產品讓您獲得報酬。像小說、科幻、圖片、評論或者專業分析，可以通過協議自動發佈到世界的各個對接的網站、興趣社區。超級個人 APP，可以個性化分級設置頁面功能，也可以分化出幾個個性化的 APP 來應對不同問題及應用，超級APP 有獨特隱私保護系統，但可以通過專業的互聯網公司來進行進一步的安全維護。個人資料分級，包括身份證、手機、工作、愛好、圖片、視頻、評論、文章，分級應對互聯網公司入口，當然身份證、手機、位置、實名

等敏感訊息，對於大部分 APP 來說是沒必要對接的。個人 APP 系統連結個人需要的 APP 應用程式及朋友的 APP 或者感興趣的個人 APP 系統。打開手機，就是一個簡潔的個人 APP 介面 . 除了少數重要功能強大的 APP，人們不必單獨下載APP。其他公司及個人開發的 APP 應用，都可以建立自己互聯的生態，人們的手機不再面對多種 APP。

超級個人 APP 打造分級一鍵功能，使用者通過超級APP 連結購物、社交、搜索、金融等平臺。根據個人偏好，可以實名，也可以非實名，個人 APP 隱私分級管理。個人資料可以儲存在手機、個人電腦、家庭儲存設備上，也可儲存在專業的雲服務或者資料管理公司，當然也可以儲存在連結平臺上。

未來的互聯網世界將會被重新塑造，超級帳戶下的個人 APP 系統，將使互聯網生態有平臺驅動向圍繞個人服務為主驅動轉變，以服務於個人 APP 網路公司及系統，讓個人對於個人隱私及及非關聯騷擾訊息做到有效控制。為個人服務的互聯網公司將會精心打造產品，依賴嚴肅的信任機制，讓互聯網真正服務於個人。

個人 APP 與新的協議，讓個人能夠掌握自己在互聯網上的訊息，能夠對訊息進行刪除或修改。對於個人作品、圖片、智慧財產權等，個人可以做到一鍵授權對接互聯網平臺。對於非核心資料訊息，即使儲存在互聯網公司伺服器上，個人也可以刪除或者修改。

現在已經出現基於個人助理性質的 AI 語言智慧音響系統，對於個人帳戶訊息安全儲存問題涉及公共問題，會有多種、多層級的解決管道。但所有解決問題的方式都應該做到安全、簡單、方便。比如涉及晶片、作業系統、加密，一個人的安全訊息，可

以同時有幾個專門提供安全及儲存的公司來服務，這些公司將被受到有效的監督。這些公司儲存同樣的訊息，保障了個人訊息的拷貝問題。

2019年 4 月 1 日。互聯網嶽麓峰上，關於過多APP問題，華為輪值董事長徐直軍認為：

「在未來，應該改變各個應用相互割裂的使用方式，改變不斷地在各個 APP 之間的跳轉，應該變成『以人為中心』和『以場景為中心』的體驗，不是今天『以 APP 為中心』的體驗。

「實現這種體驗的基礎是人工智慧技術。用人工智慧技術精準地預測出用戶的需求和場景，各種應用 API 能夠『隨時隨地、基於用戶場景，進行自動化編排』，自動化地創造出『場景下的全流程業務』。也就是說應用是隨時誕生的，是動態的，不是一個固定的 APP。

「比如，用戶的一次旅行，就是一個場景，不需要在各種APP之間跳來跳去。」

在訊息化的社會，只要智慧設備佈局到的地方，甚至人們無須攜帶個人設備，就能做到生活便利化。

超級帳戶的意義在於，對於複雜的訊息社會，每個人可以充分享受個人訊息，對外關係將簡單化。

而無論科技如何發達，只有簡潔、便利、安全的服務才能成為人們喜歡的產品，個人超級APP帳戶系統將是互聯網企業為中心向個人為中心的一次轉變，甚至影響了整個世界互聯網生態。

第二部分

5G時代的數位化金融

　　因為支付寶與微信便捷移動支付的普及，中國成為世界移動支付最發達的國家。

　　中國央行即將推廣的數位貨幣，也讓中國成為世界上第一個有國家主導權的數位貨幣。

　　金融科技的發展規劃，頂層設計至關重要。人民幣國際化及金融數位化，將是未來國際主要競爭力，對於中國來說，在5G時代，數位金融與人民幣國際化將成為中國主要核心競爭力之一，在數位化時代，如何做好金融數位化對內啟動經濟、提高效率，對外擴展影響，爭取經濟空間，將是數位金融的主要考量。

　　同時，作者從2001年左右開始研究電子支付、電商、國際貨幣，2007年博客發表了〈央行主導下的數位貨幣的一些淺薄見解〉，這也是國際上比較早的數位貨幣研究之一，希望這些給中國經濟提供積極的參考。

第4章

世界數位貨幣計畫

2019 年 2 月 21 日，中國人民銀行 2019 年全國貨幣金銀工作會議在廈門召開。會議指出，今年要深入推進央行數位貨幣研發。

2019年6月18日，全球知名社交互聯網公司——臉書推出數位貨幣計畫，引發全球矚目。

未來的5G時代，數位化金融不僅重塑金融體系，而且對於農業、工業、股權市場都會產生重要的影響。

2019年8月10日，在第三屆中國金融四十人伊春論壇上，中國人民銀行支付結算司副司長穆長春，介紹了央行法定數位貨幣的實踐DC／EP（DC，digital currency，數位貨幣；EP，electronic payment，電子支付）。

4.1 臉書數位貨幣

北京時間2019年6月18日下午，在全球擁有二十七億用戶的社交巨頭——臉書（fdcebook）官方網站，正式發佈了加密數位貨幣Libra（天秤座）白皮書，這是臉書基於區塊鏈技術的專案。專案一發佈就引起了全球持續不斷的爭議。

根據白皮書內容，Libra（天秤座）的使命是建立一套簡單、便利、無國界的數位貨幣，及一套為數十億人服務轉帳、支付的的金融基礎工程。

此計畫一經公佈，就遭到了大量的批評及質疑，主要涉及到隱私、安全、主權貨幣的擔憂等，當地時間7月16和17日，美國國會兩院特意安排了兩天的聽證會，來應對臉書（Facebook）Libra數位貨幣計畫的影響。

Libra加密貨幣的聯合創始人大衛·馬庫斯，週三（7月17日）對美國眾議院金融服務委員會成員表示，直到得到相關監管機構的批准，臉書才會發佈其貨幣項目。但他們不會同意一些資深國會議員的要求，停止這個專案，或是在一個有限的範圍內進行試點。

原本將聽證會視為「分析、解釋」Libra好機會的加密貨幣聯合創始人大衛·馬庫斯，卻遭到了來自議員的潮水般的質疑。

但他還是表示，Libra是一種介於比特幣（bitcoin）和貝寶（PayPal）之間、具有顛覆性意義的數位貨幣。

雖然功能相似，但Libra與貝寶及其他競爭對手不同的是，它主要針對沒有銀行帳戶的用戶。

綜合臉書此前透露的訊息及臉書聯合創始人大衛·馬庫斯在聽證會上的言論，**分析臉書數位貨幣Libra的特點如下：**

　　全球化佈局：臉書的Libra協會總部將設在瑞士的日內瓦，由瑞士金融市場監督管理局管轄。臉書已與Visa、萬事達（Mastercard）等多家金融公司以及Spotify和優步（Uber）等線上公司結成合作夥伴，成立一個總部位於瑞士的協會，監督這一新金融工具的開發。臉書數位貨幣專案負責人馬庫斯稱，他們已與瑞士方面進行了初步探討，並準備就管理模式展開磋商。他說，Libra協會最終會獲得瑞士方面的運營許可，並正準備以貨幣服務業的名義，在美國財政部金融犯罪執法網路中登記。

　　區別於比特幣與傳統貨幣：Libra數位貨幣將採用全球一籃子信用貨幣的方式為Libra背書，Libra並不具有投機性，會保持一個穩定的價格。臉書發行的數位貨幣又被稱為「穩定幣」，由美元、英鎊、歐元和日元等主權貨幣存款支援。

　　臉書宣導的數位貨幣計畫，其最終目標是要建立一個基於數位貨幣的金融系統，除發行數位化本幣Libra外，還將包括儲備央行和獨立的監管機構。馬庫斯說，Libra與現行的數位貨幣不同，沒有相對於任何單一的現實貨幣的固定價值，而是經由儲備央行以一對一的方式來實現。而儲備央行則將以諸如現金銀行存款和高流動性的短期政府債券等安全資產的形式，持有一系列的貨幣，包括美元、英鎊、歐元和日元。

　　「Libra區塊鏈和儲備央行，將由一個被稱為Libra協會的獨立機構來管理，而最初參與該計畫的團體將成為協會的『創始成員』」。馬庫斯說，目前，該協會共有二十八個成員，包括萬事達、億貝、威士、優步等，並計畫在正式啟動時增加到近一百個。

　　他說，Libra協會將通過Libra協會理事會對區塊鏈進行管理，每個成員都將在理事會擁有代表。為確保成員的多樣性，協

會將盡可能地消除金融障礙，使更多的非贏利、多邊組織和大學等都能夠加入進來。

馬庫斯稱，Libra是一種支付工具，而不是一種投資，人們不能像股票或債券那樣來進行購買和持有，用來支付工資或等待增值。它只是一種「類似現金」，如用於向在其他國家的家人匯款或者進行採購。

馬庫斯同時表示，Libra儲備央行的貨幣取決於相關國家的貨幣政策。Libra協會只負責管理儲備央行，無意與任何主權貨幣競爭，或者涉足貨幣政策領域。

支付便捷：此外，Libra將通過一個名為「CaLibra」的電子錢包應用。獲得之後，用戶就可以通過這個應用，或是支持這個應用的臉書公司旗下的其他即時通訊軟體（比如Messenger, WhatsApp），與世界上任何一個角落的人用Libra進行交易，甚至不再需要銀行了。數位錢包，開拓在區塊鏈上的業務，讓其用戶可以向幾乎所有智慧手機用戶發送Libra，正如發短信一樣，而且費用很低。

接受監督：馬庫斯強調，Libra協會將遵守銀行保密法等法律，保護消費者的隱私和個人訊息的安全。他說，Libra區塊鏈的隱私規定將與現有區塊鏈服務一樣，只包括接發者的公開地址、轉帳數額和時間，不會顯示任何其他訊息，也不會單獨保留任何個人的資料，因此不會用個人資料來謀利。

延伸商業：Libra區塊鏈是一個開源的生態系統，各地的商業和開發商，都可以自由地在其平臺上創立自己的競爭性服務。在7月16日參議院銀行委員會的聽證會上，負責這一計畫的臉書高管大衛·馬庫斯表示，計畫中的Libra是一種可以在全球使用的數位貨幣，使人們在相互傳遞訊息、視頻和圖像時，也可以輕

鬆地傳遞價值。

反對及擔憂聲音：

參考消息網7月18日報導 美媒稱，川普政府7月15日強烈反對臉書新數位貨幣計畫。美國財政部長史蒂文·姆努欽警告說，這種新數位貨幣可能被用於洗錢、販賣人口和資助恐怖主義等非法活動。

川普推文稱：「我不是比特幣和其他加密貨幣的粉絲。它們不是錢，價值波動很大且毫無根基。不受監管的加密資產會助長非法行為，包括毒品交易和其他非法活動。」

川普說，如果臉書及其數十家夥伴企業想涉足金融業務，它們將不得不像銀行那樣接受嚴格監管。

7月15日，美國財政部長姆努欽在召開記者會時也曾說，財政部對臉書計畫發行加密貨幣Libra深表擔憂，因為加密貨幣可能被洗錢者和恐怖主義活動資助者利用。而在日前召開的七國集團財長和央行行長會議上，七國財長表示，在數位貨幣問題上，「就迅速採取行動的必要性，達成了很大共識」。

美聯儲主席鮑威爾也警告稱，臉書的計畫，「引發了許多嚴重關切」，其中包括隱私、洗錢、消費者保護和金融穩定等。他說，美聯儲和美國財政部的金融穩定監督委員會也在關注Libra。在發行之前，還需要對這些問題進行「徹底和耐心」的評估。

美國眾議院金融委員會主席瑪克辛·沃特斯等民主黨人，呼籲臉書暫時擱置此計畫。

當地時間6月24日，路透社報導稱，代表各國央行合作的國際金融機構——國際清算銀行（Bank for International

Settlements）23日表示，雖然銀行並不會很快被擠出市場，但政界人士仍需迅速協調監管部門，以應對臉書等科技公司進軍金融業帶來的新風險。國際清算銀行在其年度經濟報告中，發表了一章關於大型科技公司在金融領域的內容，重點關注了社交媒體、搜尋引擎和電子商務公司所持有的海量資料。

報告稱，目前，傳統銀行在支付領域面臨著來自金融科技公司的外部競爭。而很多小銀行，沒有谷歌、阿里巴巴、亞馬遜、蘋果和易貝（eBay）等公司所掌握的深度資料。與通常依賴信用評分的銀行相比，這些深度資料令金融科技公司擁有更為直接的優勢。

報告指出，收集大量的消費者行為和偏好資料，能夠更詳細地描繪出一個人的信用狀況，因而科技企業進入金融業後，可能會迅速引發金融領域發生變化。

對於臉書推出了自己的Libra加密貨幣，國際清算銀行表示，在掌握了大量個人資料後，大型科技公司的上述舉措，可能會破壞金融的穩定。

一些專家認為：大型科技公司提供的金融服務，而這也會帶來潛在的資料隱私和競爭問題。所有這些領域都有自己的監管機構，彼此之間需要協調，Libra的流通基於區塊鏈的清算網路，不使用銀行之間的清算網路。因此，Libra和所有加密幣的流通，是不受銀行之間的網路的限制的。

歐洲不同聲音： 2019年8月26日左右，在美國傑克遜霍爾舉行的全球央行行長年度研討會上，英國央行行長卡尼發表講話稱，美元的世界儲備貨幣地位必須終結，類似Facebook加密貨幣Libra那樣的某種形式全球數位貨幣，會是更好的選擇。那會比讓其他主權國家貨幣取代美元的結局更好。

　　據彭博報導，卡尼稱：「長期來看，我們需要改變格局，改變到來的時候，不該由一種貨幣霸權取代另一種。」可能最適合由公共部門通過一個央行數位貨幣網路，提供一種新的「合成的霸權貨幣」（SHC）。「即使事實證明，這個理念的初始變體是稀缺的，它也會吸引人。一種SHC可能抑制美元對全球貿易的影響力」。

　　歐洲央行：歐洲央行認為Libra穩定幣沒帶來大規模測試，將帶來嚴重風險。

　　出於對貨幣主權的擔憂，歐盟實力最強的兩個國家，德國、法國對於Libra保持謹慎態度，甚至反對，德國與法國財政部長於2019年9月13日，在芬蘭首都赫爾辛基發表聯合聲明，重申貨幣主權的重要性，兩國認為Libra加密貨幣計畫危害其貨幣主權，反對臉書公司計畫發行的加密數位貨幣Libra在歐洲推行，歐盟應該推出歐盟自己的數位貨幣，應對Facebook加密貨幣Libra計畫。

臉書數位貨幣的未來影響：

　　數位銀行體系：臉書的Libra加密貨幣，基於區塊鏈技術，擁有全球二十七億用戶，強大的信用背書及一百多個合作夥伴，以美元、歐元等背書，屬於真正意義上的、基於互聯網技術的數位銀行系統，其延伸到結算、支付等領域。

　　產生信用：一旦形成穩定的影響及眾多公司的支持，Libra加密貨幣形成的體系就會產生巨大的信用價值，而信用是世界各國貨幣誕生的主要依據。

　　無國界貨幣：註冊地址在瑞士，擁有超越美元影響的佈局，未來的影響將超越中小國家的貨幣信用，有可能一些中小國

家與臉書Libra這樣的超級互聯網公司合作發行貨幣。

　　未來的影響：如果說比特幣更是基於技術的一代數位貨幣，採用電腦計算能力，目前具備一定類似郵票的收藏炒作及全球隱蔽轉移財富功能。那麼臉書Libra加密貨幣基於現實美元、歐元等背書的穩定幣，產生信用與信任機制的同時，應用在支付領域，並在臉書涉及到的聯合發起公司內廣泛產生影響。臉書屬於公開市場，透明，接受監督，並能無限延伸傳統貨幣使用範圍之內，很顯然臉書Libra加密貨幣更具有傳統貨幣的信用性，更具備數位貨幣時代的便利性。

4.2 中國央行數位貨幣計畫

央行數位貨幣是基於國家信用、由央行發行的法定數位貨幣，與比特幣等「虛擬貨幣」有著本質區別。

中國央行數位貨幣呼之欲出，2019年8月10日，在第三屆中國金融四十人伊春論壇上，中國人民銀行支付結算司副司長穆長春，介紹了央行法定數位貨幣的實踐DC／EP（DC，digital currency，數位貨幣；EP，electronic payment，電子支付）。

雙層結構

據穆長春介紹，從2014年開始到現在，央行數位貨幣DC／EP的研究已經進行了五年。

央行數位貨幣DC／EP採取的是雙層運營體系。單層運營體系，是指人民銀行直接對公眾發行數位貨幣。而人民銀行先把數位貨幣兌換給銀行或者是其他運營機構，再由這些機構兌換給公眾，這就屬於雙層運營體系。

採取雙層運營架構還有以下幾個考慮：

首先，中國是一個複雜的經濟體，幅員遼闊，人口眾多，各地的經濟發展、資源稟賦、人口教育程度以及對於智慧終端機的接受程度，都是不一樣的。所以在這種經濟體發行法定數位貨幣，是一個複雜的系統性工程。如果採用單層運營架構，意味著央行要獨自面對所有公眾。這種情況下，會給央行帶來極大的挑戰。從提升可得性，增強公眾使用意願的角度出發，我們認為應該採取雙層的運營架構來應對這種困難。

第二，人民銀行決定採取雙層架構，也是為了充分發揮商業機構的資源、人才和技術優勢，促進創新，競爭選優。商業機

構IT基礎設施和服務體系比較成熟，系統的處理能力也比較強，在金融科技運用方面積累了一定的經驗，人才儲備也比較充分。所以，如果在商業銀行現有的基礎設施、人力資源和服務體系之外，再另起爐灶是巨大的資源浪費。中央銀行和商業銀行等機構可以進行密切合作，不預設技術路線，充分調動市場力量，通過競爭實現系統優化，共同開發共同運行。後來我們發現，Libra的組織架構和我們DC／EP當年所採取的組織架構，實際上是一樣的。

第三，雙層運營體系有助於化解風險，避免風險過度集中。人民銀行已經開發運營了很多支付清算體系、支付系統，包括大小額，包括銀聯網聯，但是我們原來所做的清算系統都是面對金融機構的。但是發行央行數位貨幣，要直接面對公眾。這就涉及到千家萬戶，僅靠央行自身力量研發並支撐如此龐大的系統，而且要滿足高效穩定安全的需求，並且還要提升客戶體驗，這是非常不容易的。所以從這個角度來講，無論是從技術路線選擇，還是從操作風險、商業風險來說，我們通過雙層運營設計，可以避免風險過度集中到單一機構。

第四，如果我們使用單層運營架構，會導致金融脫媒。單層投放框架下，央行直接面對公眾投放數位貨幣，央行數位貨幣和商業銀行存款貨幣相比，前者在央行信用背書情況下，競爭力優於商業銀行存款貨幣，會對商業銀行存款產生擠出效應，影響商業銀行貸款投放能力，增加商業銀行對同業市場的依賴。這種情況下會抬高資金價格，增加社會融資成本，損害實體經濟，屆時央行將不得不對商業銀行進行補貼，極端情況下甚至可能顛覆現有金融體系，回到1984年之前央行「大一統」的格局。

總結下來，央行做上層，商業銀行做第二層，這種雙重投

放體系適合我們的國情。既能利用現有資源調動商業銀行積極性，也能夠順利提升數位貨幣的接受程度。

雙層運營體系對貨幣政策的影響

雙層運營體系不會改變流通中貨幣債權債務關係，為了保證央行數位貨幣不超發，商業機構向央行全額、100%繳納準備金，央行的數位貨幣依然是中央銀行負債，由中央銀行信用擔保，具有無限法償性。另外，雙層運營體系不會改變現有貨幣投放體系和二元帳戶結構，不會對商業銀行存款貨幣形成競爭。由於不影響現有貨幣政策傳導機制，也不會強化壓力環境下的順週期效應，這樣就不會對實體經濟產生負面影響。

另外，採取雙層體系發放兌換央行法定數位貨幣，也有利於抑制公眾對於加密資產的需求，鞏固我們的國家貨幣主權。

「雙離線支付」——便利性及匿名交易

在公開課中，穆長春舉例稱，比如到地下的超市買東西，沒有手機信號，微信、支付寶都用不了，又或者乘坐廉價航空公司的航班需要付費吃飯，未來在這些場景下，可以用央行的數位貨幣支付。更極端的情況是大地震，「通信都斷了，電子支付當然也不行了。那個時候只剩下兩種可能性，一個是紙鈔，一個就是央行的數位貨幣。它（央行的數位貨幣）不需要網路就能支付，我們叫做『雙離線支付』，指收支雙方都離線也能進行支付。只要手機有電，哪怕整個網路都斷了也可以實現支付」。

只要手機上有央行DC／EP的數位錢包，如果手機沒有信號，不需要網路，只要兩個手機碰一碰，就能實現轉帳功能，「即使Libra也無法做到這一點」。穆長春表示。此外，中國版

數位貨幣不需要綁定任何銀行帳戶，擺脫了傳統銀行帳戶體系的控制。

同時，DC／EP的推出也考慮到居民消費的隱私權。穆長春表示，公眾有匿名支付的需求，但如今的支付工具都跟傳統銀行帳戶體系緊緊綁定，滿足不了消費者的匿名支付需求，也不可能完全取代現鈔支付。而央行數位貨幣能夠解決這些問題，它既能保持現鈔的屬性和主要價值特徵，又能滿足便攜和匿名的訴求。

穆長春近日在談到法定數位貨幣如何保證「三反」時也表示，這些工作都可以用大數據的方式解決。「也就是說，雖然普通的交易是匿名的，但是如果我們用大數據識別出一些行為特徵的時候，還是可以鎖定這個人真實身份的」。

井通科技CEO和MOAC區塊鏈聯合創始人周沙也對《經濟參考報》記者表示，現鈔的管理有三個特點：一是匿名性，二是保護用戶隱私，三是不需要協力廠商驗證。央行數位貨幣是對現鈔的替代，也將會體現上述特點。「以匿名性為例，我去早餐攤買東西，用支付寶支付，因為是實名帳戶，我的訊息都留下了。但如果用現金支付，老闆收到我的錢，但並不知道我是誰」。周沙表示，央行數位貨幣應該會符合現金的匿名性等特點，但與此同時要保證「三反」，即反洗錢、反逃稅、反恐怖融資。

世界銀行首席訊息安全構架師張志軍，在接受《經濟參考報》採訪時表示，電子支付在中國已經很普遍，但是用戶的隱私目前沒有得到保護。央行的數位貨幣如果能保護使用者的隱私，那麼在日常的小額付款這個應用領域，會成為很多人的首選。

保持競爭，技術路線保持中立

從技術路線方面，央行不預設技術路線，保持央行技術中

立性。我們從來沒有預設過技術路線，從央行角度來講，無論是區塊鏈還是集中帳戶體系，無論是電子支付還是移動貨幣，任何一種技術路線，央行都可以適應。但技術路線要符合央行的門檻，比如因為是針對零售，至少要滿足高併發需求，至少達到30萬筆／秒。如果你只能達到臉書Libra的標準，只能國際匯兌。像比特幣一樣做一筆交易需要等四十分鐘，不符合場景要求。從央行角度來講，採取什麼技術路線都可以，不一定是區塊鏈，這稱它為長期演進技術（Long Term Evolution）。

另外，雙層運營體系有利於充分調動市場力量，通過競爭實現系統優化。目前央行採取的是屬於一個賽馬狀態，幾家指定運營機構採取不同的技術路線做DC／EP的研發，誰的路線好，誰最終會被老百姓接受、被市場接受，誰就最終會跑贏比賽。所以這是市場競爭選優的過程。

堅持央行主導下的中心化管理

在雙層運營體系安排下，要堅持中心化的管理模式。加密資產的自然屬性就是去中心化。而DC／EP一定要堅持中心化的管理模式，為什麼？

第一，央行數位貨幣仍然是中央銀行對社會公眾的負債。這種債權債務關係並沒有隨著貨幣形態變化而改變。因此，仍然要保證央行在投放過程中的中心地位。

第二，為了保證並加強央行的宏觀審慎和貨幣調控職能，需要繼續堅持中心化的管理模式。

第三，第二層指定運營機構來進行貨幣的兌換，要進行中心化的管理，避免指定運營機構貨幣超發。

最後，因為在整個兌換過程中，沒有改變二元帳戶體系，

所以應該保持原有的貨幣政策傳導方式，這也需要保持央行中心管理的地位。

中心化的管理方式與電子支付工具是不同的。從宏觀經濟角度來講，電子支付工具資金轉移必須通過傳統銀行帳戶才能完成，採取的是帳戶緊耦合的方式。而對於央行數位貨幣，央行是帳戶鬆耦合，即脫離傳統銀行帳戶實現價值轉移，使交易環節對帳戶依賴程度大為降低。這樣，央行數位貨幣既可以像現金一樣易於流通，有利於人民幣的流通和國際化，同時又可以實現可控匿名，央行要在保證交易雙方是匿名的同時保證三反（反洗錢、反恐怖融資、反逃稅），這兩個之間要取得一個平衡。

現階段的央行數位貨幣設計，注重M0替代，而不是M1、M2的替代。這是因為M1、M2現在已經實現了電子化、數位化。因為它本來就是基於現有的商業銀行帳戶體系，所以沒有再用數位貨幣進行數位化的必要。另外，支援M1和M2流轉的銀行間支付清算系統、商業銀行行內系統以及非銀行支付機構的各類網路支付手段等日益高效，能夠滿足我國經濟發展的需要。所以，用央行數位貨幣再去做一次M1、M2的替代，無助於提高支付效率，且會對現有的系統和資源造成巨大浪費。相比之下，現有的M0（紙鈔和硬幣）容易匿名偽造，存在用於洗錢、恐怖融資等的風險。另外電子支付工具，比如銀行卡和互聯網支付，基於現有銀行帳戶緊耦合的模式，公眾對匿名支付的需求又不能完全滿足。所以電子支付工具無法完全替代M0。特別是在帳戶服務和通信網路覆蓋不佳的地區，民眾對於現鈔依賴程度還是比較高的。所以央行DC／EP的設計，保持了現鈔的屬性和主要特徵，也滿足了便攜和匿名的需求，是替代現鈔比較好的工具。

另外，大家也看到了Libra也是用所謂的100%的儲備資產抵

押，但是它並沒有把自己限定於M0，因有可能會出現Libra進入信貸市場出現貨幣派生和貨幣乘數。這就有可能出現貨幣超發的情況。

另外，因為央行數位貨幣是對M0的替代，所以對於現鈔是不計付利息的，不會引發金融脫媒，也不會對現有的實體經濟產生大的衝擊。

由於央行數位貨幣是M0的替代，應該遵守現行的所有關於現鈔管理和反洗錢、反恐融資等規定，對央行數位貨幣大額及可疑交易向人民銀行報告。

央行數位貨幣必須有高擴展性、高併發的性能，它是用於小額零售高頻的業務場景。為了引導央行數位貨幣用於小額零售場景，不對存款產生擠出效應，避免套利和壓力環境下的順週期效應，央行可以根據不同級別錢包設定交易限額和餘額限額。另外可以加一些兌換的成本和摩擦，以避免在壓力環境下出現順週期的情況。

此外，如果需要的話，央行數位貨幣還可以為央行實施負利率提供條件。

對於智能合約的態度，穆長春認為：央行數位貨幣是可以載入智能合約的。需要強調的是，央行數位貨幣依然是具有無限法償特性的貨幣，它是對M0的替代。它所具有的貨幣職能（交易媒介、價值儲藏、計帳單位）決定其如果載入了超出其貨幣職能的智能合約，就會使其退化成有價票證，降低可使用程度，會對人民幣國際化產生不利影響，因此，我們會載入有利於貨幣職能的智能合約，但對於超過貨幣職能的智能合約，還是會保持比較審慎的態度。

央行金融科技發展規劃

2019年8月18日，《中共中央國務院關於支援深圳建設中國特色社會主義先行示範區的意見》發佈。其中涉及到：要打造數位經濟創新發展試驗區。支援在深圳開展數位貨幣研究與移動支付等創新應用。促進與港澳金融市場互聯互通和金融（基金）產品互認。在推進人民幣國際化上先行先試，探索創新跨境金融監管。

2019年8月20日，據《中國日報》英文版20日消息，官員和專家表示，中國正在測試推出中國首款央行數位貨幣（CBDC）的多種方式，他們預計私人機構將更多地參與創造政府支持的貨幣。基於一些領域正在進行的試驗，引入CBDC的時機已經成熟。但與中國央行關係密切的專家週一表示，Facebook公佈其數位貨幣Libra，可能會促使中國監管機構重新考慮CBDC的可能模式。專家們預測，如果一切順利，中國政府支援的數位貨幣，可能會比Libra的官方發佈時間更早。

2019年8月22日，央行發佈消息，近日中國人民銀行印發《金融科技（FinTech）發展規劃（2019-2021年）》，明確提出未來三年金融科技工作的指導思想、基本原則、發展目標、重點任務和保障措施。

《規劃》指出，金融科技是技術驅動的金融創新。金融業要以習近平新時代中國特色社會主義思想爲指導，全面貫徹黨的十九大精神，按照全國金融工作會議要求，秉持「守正創新、安全可控、普惠民生、開放共贏」的基本原則，充分發揮金融科技賦能作用，推動我國金融業高品質發展。

《規劃》提出，到2021年，建立健全我國金融科技發展的「四梁八柱」，進一步增強金融業科技應用能力，實現金融與科

技深度融合、協調發展，明顯增強人民群眾對數位化、網路化、智慧化金融產品和服務的滿意度，推動我國金融科技發展居於國際領先水準，實現金融科技應用先進可控、金融服務能力穩步增強、金融風控水準明顯提高、金融監管效能持續提升、金融科技支撐不斷完善、金融科技產業繁榮發展。

《規劃》確定了六方面重點任務。

一是加強金融科技戰略部署，從長遠視角加強頂層設計，把握金融科技發展態勢，做好統籌規劃、體制機制優化、人才隊伍建設等工作。

二是強化金融科技合理應用，以重點突破帶動全域發展，規範關鍵共性技術的選型、能力建設、應用場景以及安全管控，全面提升金融科技應用水準，將金融科技打造成為金融高品質發展的「新引擎」。

三是賦能金融服務提質增效，合理運用金融科技手段豐富服務管道、完善產品供給、降低服務成本、優化融資服務，提升金融服務品質與效率，使金融科技創新成果更好地惠及百姓民生，推動實體經濟健康可持續發展。

四是增強金融風險技防能力，正確處理安全與發展的關係，運用金融科技提升跨市場、跨業態、跨區域金融風險的識別、預警和處置能力，加強網路安全風險管控和金融訊息保護，做好新技術應用風險防範，堅決守住不發生系統性金融風險的底線。

五是強化金融科技監管，建立健全監管基本規則體系，加快推進監管基本規則擬訂、監測分析和評估工作，探索金融科技創新管理機制，服務金融業綜合統計，增強金融監管的專業性、統一性和穿透性。

　　六是夯實金融科技基礎支撐，持續完善金融科技產業生態，優化產業治理體系，從技術攻關、法規建設、信用服務、標準規範、消費者保護等方面支撐金融科技健康有序發展。

央行數位貨幣戰略意義：

　　啟動經濟：5G時代，數位貨幣、數位化金融將深度打通各個領域，並形成全場景數位訊息，而金融作為經濟主要參與者，數位化金融將為經濟注入活力，激發微觀，提高金融效率及覆蓋。

　　解決區域發展不平衡問題：數位經濟時代，依靠萬物數位化網路，金融科技把數位貨幣融合到各行各業，不同區域，可以不同角度啟動宏觀與微觀經濟，彌補行業與區域發展不平衡等問題。

　　支付的便利與隱私：沒有網路就可以，雙離線支付，一碰轉帳，未來可以通過電子戒指，電子手錶等設備植入錢包系統帶來更豐富的便利交易。

　　中國擁有豐富的移動支付經驗：中國擁有全世界最豐富的移動支付場景、區塊鏈研究。京東，阿里等發達的電商，各個銀行APP，支付寶，微信兩大移動支付系統具有豐富的移動支付經驗。

　　對於央行來說，這對於未來數位貨幣發行具有基礎技術支援，能夠採用新技術與已經擁有的技術做為依據。

　　主動應對國際趨勢：臉書Libra數位貨幣由美元、英鎊、歐元和日元等主權貨幣存款支援，人民幣不在其內，如果數位貨幣成為國際主流，這對人民幣國際化具有一定的影響，如果中國央行自己主導數位貨幣國際化，對於中國來說將會抓住人民幣國際

化的良機。同時除了中國之外，世界很多國家在投入精力研發央行數位貨幣發行問題。

數位化金融科技的主導權：數位貨幣結合5G互聯網，數位金融，數位經濟場景，可以向世界輸出更豐富數字科技場景，比如對外援助，建立平等貨幣夥伴關係等。

第5章

區塊鏈與數位化金融，比中本聰早一年的研究

5.1 數位化貨幣原理最早誕生於中國

　　核心提示：一篇誕生於2007年8月2號的文章，揭開世界最早比特幣初級原理。關鍵字：電子錢，記憶性，流轉碼，可分解，激勵。

　　2017年比特幣開始大漲，中國及世界很多公司開始加入比特幣技術區塊鏈的研究之中，但保持神秘的比特幣創始人「中本聰」究竟是誰，至今還是謎團。

　　關於比特幣，你搜索所有的公開資料訊息是：

　　2008年11月，一篇匿名「中本聰」的、講述了比特幣系的論文，出現在了互聯網某個加密郵件組中，文中提到一個全新的、完全網路化的貨幣體系。

　　又過了一年的2009年1月，「中本聰」為這個體系建立了一個開放原始程式碼項目，比特幣就此誕生。

　　隨著比特幣大漲，區塊鏈進入大眾視野，但2010年後，中本聰也逐漸銷聲匿跡。

　　外媒曾經披露「中本聰」是一名日裔美國人，當時的「中本聰」也曾經出面澄清，自己並非比特幣的創始人。

　　後來媒體報導，中本聰很有可能是另一位自稱為「全球變暖懷疑論者、連續創業者、怪人」的澳大利亞商人，同時也是密碼學家的克雷格·史蒂芬·懷特（Craig Steven Wright）。懷特自己爆料就是「中本聰」，後來受到質疑等各種原因，懷特暫時放棄承認自己是「中本聰」。

　　電腦科學家Ted Nelson認為日本數學家望月新一是中本聰，理由是新一足夠聰明，研究領域也涵蓋了比特幣所使用的數學演算法。更重要的是，「望月不適用常規的學術發表機制，而且習

慣獨自工作」。

後來望月新一本人對此否認：（我獨自工作，怎麼了？？？）

2013年12月，博主Skye Grey通過對中本聰論文的計量文體學分析得出結論，認為前喬治華盛頓大學教授Nick Szabo是中本聰。Szabo提倡去中心化貨幣，被認為是比特幣的先驅，他也是個著名的喜歡使用化名的人。

可是，Szabo是這麼說的：在我認識的人裡面，對這個想法（去中心化貨幣）感興趣的只有三個人，可是後來中本聰出現了。

此外被懷疑的還有芬蘭經濟社會學家Dr. Vili Lehdonvirta、愛爾蘭密碼學研究生Michael Clear，德國及美國研究人員Neal King、Vladimir Oksman和Charles Bry，比特幣基金會首席科學家Gavin Andresen、比特幣交易平臺Mt. Gox創始人Jed McCaleb、美國企業家及安全研究員Dustin D. Trammell，都曾被懷疑為中本聰的真實身份。

更有甚者，認為中本聰（Satochi Nakamoto）的名字，實際上是四家公司名字的組合，包括三星（Samsung）、東芝（Toshiba）、中道（Nakamichi）和摩托羅拉（Motorola），暗示著比特幣其實是這四家公司聯手開發，並以「中本哲史」的化名來發表。

俄羅斯衛星網援引加密貨幣專業媒體Cryptocoinsnews報導，SpaceX前實習生薩希爾・古普塔，稱他的前東家馬斯克就是比特幣的創始人中本聰。

古普塔介紹道，馬斯克很懂創建比特幣過程中使用的C++語言。此外，馬斯克向來「酷愛解決全球問題」。比特幣作為一種分散式貨幣體系，正好誕生於2008年世界金融危機期間。而且

SpaceX所有者還對比特幣保持完全沉默，從不評論任何有關它的新聞。

這篇報導之後，輿論一篇譁然！

隨後，馬斯克本人在推特上作出回應：「這並不是真的，但是他的朋友曾送給他一些比特幣，但他已經不知道把它們放到哪裡了。」

自此，比特幣之父「中本聰」的真實身份再一次成迷。

但這篇資料提供另一條線索：

我在 2007 年 8 月 2 號曾寫過一篇有關電子錢流轉碼的文章，內容如下：

合理性經濟流動：對於現代經濟來說，製造業提供的就業機會越來越少，智慧化、自動化提高，越來越多的資源被少數企業壟斷，同時，商品及價值流通環節，利潤、原料加工、人力成本越來越高，利潤越來越透明，這會造成經濟畸形與分配不平等。一個正常的社會，需要合理的經濟流動秩序，保證人們的就業需求和生活需求，合理分配權益，社會才能獲得長遠健康發展。

電子錢流轉碼：對於現代人來說，電子錢並不陌生，你的信用卡，甚至你的手機，就已經能夠代表貨幣進行流通了。而流轉碼的概念，就是把電子錢以一元或者十元、百元、千元為單位，像發行普通紙幣那樣發行在電子錢狀態中。但是每流轉一次，就被記錄一次。被附加的記錄符號叫流轉碼，它的概念得到強化的目標，在於跟蹤美元貨幣的真實流向。比如信用卡，比如網路銀行。規則如下：

第一，電子錢，每流通一次就有一種記憶標識，就是流轉

碼。比如貨幣從甲流通到乙，再流通到丙，再流通到 A，流通到 B，流通到 C。每流通一次，貨幣單位就會擁有流通單位的特定碼，這個特定碼叫流轉碼。對於 C 來說，可以通過每單元的貨幣單位，看到他（她）的貨幣是從哪裡流通過來的，無論是一元、十元還是百元。而且他有權利要求 B 的貨幣單位中，劃給自己的貨幣是從丙那裡流通過去的，而拒絕帶有 A 流通碼的貨幣單位。

第二，國家根據宏觀及微觀政策需要，在弄清貨幣流動可靠程度的同時，向貨幣流通中的各個環節，比如公司或者個人，根據其需要及貢獻等，按照比例給予貨幣獎勵，達到及時調節引導社會正常經濟秩序的目的。

要將帶有流轉碼的電子錢換成現金，必須有國家特定職能部門按規定辦理。

全訊息經濟學：全訊息經濟學的解釋，就是社會中的經濟行為都是可以通過數位及其他形式清晰表達出來的，是能夠有秩序地被管理或者控制的。

這是我 2007 年在博客上發表的一篇文章，現在看就像區塊鏈與比特幣的原型，到現在依然領先互聯網概念。

(原创)未来中国五千年---反向税收与全信息经济学及电子货币流转码
(2007-08-02 17:02:31) [编辑][删除]

合理性流动经济——电子货币中的流转码
世界经济转型中的全信息经济学及反向税收

名词——电子货币流转码——对于现代人来说，电子货币并不陌生，你的信用卡，甚至通过你的手机，就已经能够代表货币进行流通了，而流转码的概念就是把电子货币以一元或者十元，百元，千元为单位，象发行普通纸币那样发行在电子货币状态中，但是每流转一次，就被记录一次，被附加的记录符号叫流转码，它的概念得到强化的目标在于，跟踪没元货币的真实流向，比如信用卡，比如网络银行中，规则如下：

第一，电子货币，每流通一次就有一种记忆标识，作为流转码，比如货币从甲流通到乙，再流通到丙，再流通到A，流通到B，流通到C，每流通一次，货币单位就会拥有流通单位的特定码叫——流转码。对于C来说，可以通过每单元的货币单位，能够看到他（她）的货币，是从哪里流通过来的，无论是一元，还是十元，还是百元，而且他有权利要求B的货币单位中，划给自己的货币是从丙哪里的流通，而拒绝带有A流通码的货币单位，

第二，带有同等流转码的货币可以合并或者分解，否则就不能够合并分解。

第三，国家根据宏观及微观政策需要，在清晰货币流动可靠程度的同时，向货币流通中的各个环节，比如公司，或者个人，根据需要及贡献等，按照比例给予货币奖励，达到及时调节引导国家正常经济秩序的目标。带有流转码的电子货币，换成现金，必须有国家特定职能部门按规定办理，并减免国家的照顾政策。

名词全信息经济学——全信息经济学地解释就是社会中的经济行为都是可以通过数字及其他形式清晰表

核心關鍵：電子訊息貨幣=比特幣，記錄性＋流轉碼=分散式帳簿＋密碼演算法=區塊鏈。合併與分解性，貨幣獎勵。

總結：很明顯，作者發表於2007年8月2日，這是世界上最早的比特幣初級原理。

至於中本聰的比特幣與這篇文章的關聯，目前只能說是一個黑箱，無從判斷。

知乎作者陳浩寫的一篇《區塊鏈以及區塊鏈技術總結》提到：

區塊鏈雖然是一個新興的概念，但它依賴的技術一點也不新，如非對稱加密技術、P2P網路通訊協定等。好比樂高積木，積木塊是有限的，但是不同組合卻能產生非常有意思的事物。

我接觸過一些工程師，初次接觸區塊鏈時，不約而同的表達了「都是成熟的技術，不就是分散式存儲嘛」。站在工程師的角度，第一反應將這種新概念映射到自己的知識框架中，是非常自然的。但是細究之下發現，這種片面的理解可能將對區塊鏈的理解帶入一個誤區，那就是作為一個技術人員，忽略了區塊鏈的經濟學特性——一個權力分散且完全自治的系統。

區塊鏈本質上是一個基於P2P的價值傳輸協議，我們不能只看到了P2P，而看不到價值傳輸。同樣的，也不能只看到了價值傳輸，而看不到區塊鏈的底層技術。

可以這麼說，區塊鏈更像是一門交叉學科，結合了P2P網路技術、非對稱加密技術、宏觀經濟學、經濟學博弈等等知識，構建的一個新領域——針對價值互聯網的探索。

作者不懂電腦，但知道這需要電腦技術。如果當初一個聰明的程式師、密碼專家、數學高手、極客看到這篇文章，創造出這種技術，應該只是時間問題。但作者認為，創造一種未有的技術並不是容易的事情，電子記錄貨幣作者研究了多年，才提出一個初級模型，更何況實現技術。

雖然「中本聰」與這篇文章的關聯性可能非常小，但無疑

這是目前最早的比特幣初級原理。

　　加州大學洛杉磯分校的金融學教授 Bhagwan Chowdhry 在赫芬頓郵報（Huffinton Post）上撰文表示，已經提名中本聰（Satoshi Nakamoto）為 2016 年諾貝爾獎經濟學獎的候選人。然而時至今日，世界上卻沒有人能夠找到他。能不能給作者發百分二十的諾獎？

　　當然，你看到阿里利用區塊鏈金融流轉概念，及騰訊區塊鏈發票（正向收稅與稅收補貼）甚至臉書的數位貨幣（全訊息經濟學）及一些其他領域的應用，都有本人2007年這篇文章的延伸。

5.2 區塊鏈與可信任的基礎

2008 年 11 月，一個自稱是日裔美國人的科學家中本聰，發表了一篇講述了 P2P 分散式網路化的貨幣體系；2009 年 1 月，中本聰為這個體系建立了一個開放原始程式碼項目，比特幣就此誕生。

比特幣由區塊鏈技術實現。區塊鏈技術是利用塊鏈式資料結構來驗證與存儲資料；利用分散式節點共識演算法來生成和更新資料；利用密碼學的方式，證資料傳輸和訪問的安全；利用由自動化腳本代碼組成的智能合約，來程式設計和運算元據的一種全新的、分散式基礎架構與計算範式。

區塊鏈的主要特點是分散式儲存，不可篡改，交易記錄公開。

區塊鏈就像人們常用的作業本，每個區塊就像作業本中從 1 到 100 的、按照頁數編碼的每頁的紙。

每個區塊是一個資料儲存單元，儲存了人們的交易記錄、工作內容及因工作量誕生的激勵機制，比如貨幣。每個區塊單元都擁有自己的獨特數位位址，按照生成的時間順序把這些區塊連結起來，構成區塊鏈。區塊鏈可以構成幾百萬、幾千萬以上的區塊連結。

區塊鏈是互聯網電腦參與的各方（可稱為「礦工」）共同按照規則、秩序寫一本作業，然後每個參與節點硬碟都可以儲存這個作業本。每個節點儲存的訊息一致，任何人只要架設自己的電腦或伺服器，接入區塊鏈網路，都可以成為這個龐大網路的一個節點。

區塊鏈作業本系統，通過固定的週期時間（比如十分鐘一

次）發佈訊息廣播，產生新的作業區塊，由礦工添加連結到原來區塊的末端。區塊鏈中的每個節點接受最新訊息，並儲存起來。

區塊內的資料是無法被篡改的，區塊鏈採取單向雜湊演算法。一旦區塊資料遭到篡改，哪怕改動一個字母、數位或者標點符號，整個區塊對應的雜湊值就會隨之改變，不再是一個有效的雜湊值。同時每個區塊嚴格按照時間形成順序連結。時間的不可逆性，導致任何試圖入侵篡改區塊鏈內資料訊息的行為，都很容易被追溯，導致被其他節點排斥，從而可以限制相關不法行為。

帶有分散式儲存基因的區塊鏈，通過密碼學原理、資料儲存結構、共識機制來保障了區塊鏈訊息的可靠性和不可篡改性，形成了不依賴個人、不依賴中心化的的信任機制。

區塊鏈技術特點在很多行業的應用被重新審視，國內外很多企業紛紛加入，一夜之間區塊鏈成為熱門行業。區塊鏈的不可篡改、智能合約、分散式記錄，使其在物流、票據、發票、權證，版權等領域得到重視，一些企業已經開發出應用產品。

5.3 阿里：區塊鏈回歸理性，商業化應用加速

在阿里發佈的 2019 年十大預測中，區塊鏈被列入阿里巴巴預測第九個趨勢中。他們提到：在各行業數位化的進程中，物聯網技術將支撐鏈下世界和鏈上資料的可信映射，區塊鏈技術將促進可信資料在流轉路徑上的重組和優化，從而提高流轉和協同的效率。在跨境匯款、供應鏈金融、電子票據和司法存證等眾多場景中，區塊鏈將開始融入我們的日常生活。隨著「連結」價值的體現，分層架構和跨鏈互聯將成為區塊鏈規模化的技術基礎。區塊鏈領域將從過度狂熱和過度悲觀回歸理性，商業化應用有望加速落地。

阿里旗下的螞蟻區塊鏈，已經在多個民生領域應用，如公益慈善、食品安全、跨境匯款、房屋租賃等。2018 年 6 月 25 日，全球首個基於區塊鏈的電子錢包跨境匯款服務在香港上線，在港工作二十二年的菲律賓人 Grace 通過支付寶香港錢包，向菲律賓錢包 Gcash 完成匯款，整個過程僅僅耗時三秒。螞蟻區塊鏈希望把「信任」體系，從線上的電商、支付、信貸等場景，進一步全面推進到資料、資產、物理世界的萬物互聯和多方協同。

2019 年 1 月 4 日，阿里系的螞蟻金服在上海 ATEC 城市峰會上，發佈了基於區塊鏈技術的供應鏈協作網路 —— 螞蟻雙鏈通正式上線。據螞蟻區塊鏈相關負責人介紹，螞蟻雙鏈通以核心企業的應付帳款為依託，以產業鏈上各參與方間的真實貿易為背景，讓核心企業的信用可以在區塊鏈上逐級流轉，從而使更多在供應鏈上游的中小微企業，獲得平等高效的普惠金融服務。據悉，螞蟻雙鏈通已經在 2018 年 10 月展開試點，並向微型企業

通過雙聯通進行了融資，已經取得了行業積極反響。

匯豐區塊鏈金融實踐方案：2019 年 1 月 15 日，匯豐銀行表示，去年採用區塊鏈方案結算了價值兩千五百億美元的外匯交易。自 2019 年 2 月以來，匯豐已使用區塊鏈結算了逾三百萬筆外匯交易，並支付了逾十五萬筆款項。匯豐表示，使用區塊鏈結算的外匯交易比例還「很小」。

這些資料標誌著主流金融使用區塊鏈的一個重要里程碑。因為出於謹慎，世界上主流金融公司雖然投入了不少資金研發測試，但在真正應用上一直持保守的態度。很多人擔心成本高、監管困難及系統崩潰的風險等。

5.4 騰訊區塊鏈發票系統及區塊鏈專案

根據騰訊官方消息：2018 年 8 月 10 日，全國首張區塊鏈電子發票在深圳實現落地。在深圳國貿旋轉餐廳，一張面值一百九十八元的餐飲發票被開出。

2018 年 11 月 1 日，在國家稅務總局的指導下，由深圳市稅務局主導實現落地、騰訊自研區塊鏈技術提供底層技術支撐。招商銀行深圳分行在為客戶辦理貴金屬購買業務後，通過系統直聯深圳市稅務局區塊鏈電子發票平臺，成功為客戶開出了首張區塊鏈電子發票。這標誌著區塊鏈電子發票進入金融服務領域。

2018 年 12 月 11 日，微信支付商戶平臺正式上線區塊鏈電子發票功能，商戶將能夠零成本接入並開具發票。符合相關資質的商戶，只要兩步就可以接入開具區塊鏈電子發票。

第一步，商戶在國家稅務總局深圳市電子稅務局申請註冊區塊鏈電子發票，無紙化線上申請，即時開通。

第二步，商戶在微信商戶平臺—產品中心，開通「電子發票」服務，並選擇區塊鏈電子發票開票模式。

從消費者的角度，消費者使用微信掃碼功能掃描商家收款二維碼支付費用，然後收到的微信支付「付款通知」，下方會比往常多出「開發票」按鈕，點擊申請開票後自動調取微信「我的發票抬頭」功能，選擇發票抬頭提交申請就完成開票操作，整個過程比較快。商家確認後，消費者便能收到「發票已自動進入微信卡包」的服務通知。

在深圳金海路沃爾瑪分店。從 11 月 8 日開始，用戶可以通過沃爾瑪線上線下兩個管道，開具區塊鏈發票了。

目前在深圳，招商銀行、沃爾瑪、寶安區體育中心停車

場、凱鑫汽車貿易有限公司（坪山汽修場）、Image 騰訊印象咖啡店等已經落實了區塊鏈發票系統。

區塊鏈發票有以下特點：

資金流與發票流結合，實現了「交易資料即發票資料」，每個交易資料會通過區塊鏈分散式存儲技術，連接消費者、商戶、公司、稅務局等關聯單位。

消費者結帳後，就能通過微信自助申請開票、一鍵報銷，發票訊息將即時同步至企業和稅務局，並線上拿到報銷款，報銷狀態即時可查。

每一張「區塊鏈發票」的流轉環節都可追溯，訊息不可篡改，資料不會丟失，發票真實可靠，還可以杜絕假發票，重複報銷等問題。

只需要手機就解決問題，交易資料及發票，不用預先領發票，超限量，按需開票，不用電腦、印表機、專用設備等，在各個環節節約大量人力、物力、時間等。騰訊區塊鏈業務總經理蔡弋戈介紹稱：「通過區塊鏈電子發票，交易即開票，開票即報銷；而對於稅務監管方、管理方的稅務局而言，則可以達到全流程監管的科技創新，實現無紙化智慧稅務管理，流程更為可控。」

商戶也可以通過區塊鏈電子發票提高店面運轉效率，節省管理成本。企業開票、用票更加便捷、規範，線上申領，線上開具，還可以對接企業的財務軟體，實現即時入帳和報銷，真實可信，後續可拓展至納稅申報。

深圳市稅務局局長張國鈞表示：區塊鏈電子發票通過「資金流、發票流」的二流合一，將發票開具與線上支付相結合，實

現「交易資料即發票」，有效解決開具發票填寫不實、不開、少開等問題，保障稅款及時、足額入庫。此外，通過區塊鏈管理平臺，可即時監控發票開具、流轉、報銷全流程的狀態，對發票實現全方位管理。對於消費者而言，通過手機微信功能，消費者結帳後即可自助申請開票，一鍵報銷。發票訊息將即時同步至企業和稅務局，並可自動拿到報銷款，免去了來回奔波的勞碌和煩瑣的流程。

2019 年 3 月 18 日，深圳地鐵、計程車、機場大巴等交通場景，正式上線深圳區塊鏈電子發票功能。即日起，用戶使用騰訊「乘車碼」搭乘深圳地鐵之後，將可以一鍵線上開具區塊鏈電子發票。

2016 年 6 月，騰訊旗下微眾銀行推出聯盟鏈雲服務（Baas），其可構建合法、合規的聯盟鏈，提升區塊鏈交易性能。同年 9 月，該行與上海華瑞銀行共同開發的、基於區塊鏈的銀行間聯合貸款清算平臺試運行。

2017 年 4 月，騰訊正式發佈了區塊鏈方案白皮書，旨在與合作夥伴共同推動可信互聯網的發展，打造區塊鏈的共贏生態。

2017 年 8 月，騰訊推出了自己的企業級區塊鏈平臺 TrustSQL，旨在為用戶提供開發商業區塊鏈應用的各類工具。次月，該公司和英特爾在區塊鏈身份認證方面達成合作關係。

在區塊鏈金融領域，騰訊先後推出供應鏈金融服務平臺「星貝雲鏈」，以及「區塊鏈 + 供應鏈金融解決方案」。

騰訊區塊鏈在電子發票、供應鏈金融、智慧醫療、公益尋人、遊戲等領域完成實際應用之後，積極參與到制定區塊鏈運營標準的活動中。2018 年國際電氣電子工程師學會（IEEE）區塊

鏈深圳工作組在騰訊宣佈成立，騰訊出任主席單位，幫助推進區塊鏈運營標準的制定。

　　得標準者得天下。

5.5 區塊鏈技術在其他領域的應用

公證防偽：公證通（Factom）利用區塊鏈技術幫助各種應用程式的開發，包括審計系統、醫療訊息記錄、供應鏈管理、投票系統、財產契據、法律應用、金融系統等，它利用比特幣的區塊鏈技術，來革新商業社會和政府部門的資料管理和資料記錄方式，也可以被理解為是一個不可撤銷的發佈系統，系統中的資料一經發佈，便不可撤銷，提供了一份準確、可驗證且無法篡改的審計跟蹤記錄。

智能合約：智能合約實際上是在另一個物體的行動上發揮功能的電腦程式。和普通電腦程式一樣，智能合約也是一種「如果─然後」功能，但區塊鏈技術實現了這些「合約」的自動填寫工作，無須人工介入。這種合約最終可能會取代法律行業的核心業務，即在商業和民事領域起草和管理合約的業務。

股權交易平臺：納斯達克推出基於區塊鏈的股權交易平臺Nasdaq Linq。該平臺利用區塊鏈技術，支持企業向投資者私募發行「數位化」的股權。納斯達克與花旗銀行通過區塊鏈，將兩行間的支付處理自動化。納斯達克還通過區塊鏈，來確保私營企業股票發行的安全性。

航運供應鏈項目：2018 年 1 月，馬士基與 IBM 宣佈成立合資企業，致力於區塊鏈跨境供應鏈項目的研究，旨在幫助托運商、港口、海關、銀行和其他供應鏈中的參與方跟蹤貨運訊息，用防篡改的數位記錄方式替代紙質檔案。2017 年 9 月，馬士基與區塊鏈初創公司GuardTime、微軟、安永等企業，合作推出全球首個航運保險區塊鏈平臺。

保險：瑞士再保險有限公司（SWISS RE）為 B3i 保險區塊

鏈聯盟成員之一，該組織推出了一款針對房地產智能合約再保險業務。每份再保險合同由智能合約編寫，當颶風或地震等災情發生時，該合約會評估參與者的資料來源，並自動計算應向受災方支付的賠償數額。

數位版權交易：索尼公司推出了基於區塊鏈的數位版權管理系統，通過該系統，參與者可以共用創作日期和時間，以及作者的詳細訊息，並自動驗證文學作品的版權生成。

區塊鏈食品溯源：家樂福、沃爾瑪、京東、雀巢、聯合利華等公司通過區塊鏈改善供應鏈跟蹤，提高了食品安全性。

能源交易：2018 年 1 月，Electron 獲東京電力公司（全球最大的私營電力企業）投資。目前，能源行業使用不同的基礎設施進行結算和登記。Electron 希望可以鼓勵業內人士，將這些功能移至共用的區塊鏈上。Electron 相當於記錄管理員，能源供應商可以從中獲取資產訊息並更改交易記錄，其服務還可應用到其他事業，例如電信和稅務。

區塊鏈技術涉及以下內容：

政務系統：司法公正、稅務發票等；

知識及產權領域：科研、專利、音樂、版權、影視等；金融領域：有銀行、保險、外匯；

股權投資領域：期貨、股權投資、股權交易所；房產領域：房地產仲介、資產仲介；

農工業、交通領域：產品溯源、能源交易、運輸、製造等。

區塊鏈的最大優勢是去中心化、訊息不可篡改，隨著技術的進步，通過軟硬體結合也可能出現新的技術，使區塊鏈更安全、更快速、更簡潔，以更方便個人使用。

第6章

微觀數位貨幣發行機制，補償宏觀經濟的驅動力

結合央行數位貨幣計畫，在這裡，提出一種數位貨幣依靠互聯網技術的微觀數位貨幣發行機制，作爲一種數位貨幣在經濟學應用中的一種系統理論探討。

6.1 微觀數位貨幣發行機制

微觀數位貨幣發行是央行主導，通過區塊鏈或其他技術的帳本系統，向個人、企業及團體等發行的數位貨幣激勵機制。目標是啟動微觀經濟，補償宏觀貨幣發行機制的不足，把微觀經濟與宏觀經濟協調起來。

這裡的發行主體可以是央行，或財政稅務體系組成的聯合單位。

微觀貨幣發行機制依賴的工具及體系：微觀貨幣發行機制，需要依賴一種可信任的技術或體系，而且要體現公平性與保障性。超級區塊鏈技術具有分散式儲存、不可篡改、智能合約的特點，把其應用結合到生產、流通、數位資產管理領域，是商業社會和政府部門的資料管理方式的革新。利用區塊鏈技術發行數位貨幣，可以審計跟蹤貨幣的全流通鏈條。

而借用像「阿里巴巴商業作業系統」完全具備數位化生態鏈條的全系統體系，或者建立在像騰訊那樣的區塊鏈技術上的全生態鏈條之上，或者構建其他多種技術融合分層的、但可信任的技術，都可以成為微觀貨幣發行機制的依賴工具及體系。

利用區塊鏈技術數位貨幣發行機制已經具備了以下特點：

‧「資金流與數位貨幣」結合，實現了「交易資料即微型貨幣依據」。每個數位貨幣交易會通過區塊鏈分散式存儲技術，連接數位貨幣中涉及的消費者、企業、物流、工人、商戶、醫療、教育、住房、就業、稅務局、央行等關聯單位。

‧獲得數位貨幣激勵的個人及企業、團體，完成規定的流程或任務後，就通過類似微信這樣的 APP 自助申請數位貨幣，一鍵申請。數位貨幣訊息將即時同步至個人、企業和央行，並線

上拿到數位貨幣，數位貨幣狀態即時可查。

　　‧每一張「依賴區塊鏈系統的數位貨幣」流轉環節都可追溯，訊息不可篡改，資料不會丟失，數位貨幣真實可靠，杜絕假幣及其他欺騙、不可信賴的行為。

　　‧只需要手機就解決問題。任務資料即貨幣，通過預先認證後，不用預先申請，按規則範圍內的需要申請數位貨幣幫助，不用跑銀行、各級單位，節約了大量人力、物力、時間。

　　以上所述數位發行貨幣的特點，是根據騰訊與國家稅務局支持的、深圳稅務局合作的區塊鏈發票系統應用的實際場景修改後，用在數位貨幣發行機制體現的場景的簡述版，已經具備了數位貨幣發行的技術及局部粗糙的應用場景。而事實上數位貨幣發行涉及的問題，要比稅收發票系統複雜得多，但依賴的技術原理基本一樣，涉及的規則及場景還需要更多的研究及實驗。

　　微型數位貨幣發行，可以優先用在鼓勵就業、中小微企業、激勵農業生產、農村建設、醫療、養老等領域。以核心業務信任流程為依託，以產業鏈上各參與方間的真實資料流程程為背景，讓信用可以在區塊鏈上逐級流轉。從而讓鏈條上的各方獲得公平、合理的價值流轉交換，激勵微觀經濟的活力，使其持久健康發展。

　　現在的國際貨幣發行，一般是國家發行貨幣機構是根據大眾人口、國家實力及需要，向經濟領域注入貨幣。一般通過財政刺激，各級政府舉債，在央行主導下，各級銀行向企業及個人放貸。

　　過去的世界各國是政府及央行體系代表大眾，進行宏觀貨幣發行，其弊端就是不能細化到個人領域。而微型貨幣發行是一種基於個人就業生活的貨幣機制，屬於個人獲得部分貨幣發行

權。這樣把宏觀貨幣與微觀貨幣有機結合起來，對於世界的經濟安全與大眾普惠金融都將是一種創新。

微觀貨幣發行是依據互聯網技術的可信任機制（比如區塊鏈技術），打造貨幣發行的一種新模式。把互聯網與個體及商業工業、農業鏈條連結注入激發貨幣，啓動宏觀經濟中微觀經濟，代替部分貨幣發行機制。

對於中國或者其他一些國家來說，個人超級帳戶生態、微觀貨幣發行、多層級金融及股權系統互相結合，可以啓動社會經濟體系。比如在經濟下行或者不明朗的時候，大部分企業不敢貸款，一般通過削減員工，減少設備採購等壓縮成本的手段來渡過難關，這時候貨幣微調政策往往會失效。

債務驅動下的傳統金融政策的困境：債務驅動經濟模式屬於世界各國的主流經濟驅動模式，目前這種模式的弊端也越來越突出。

拿中國來說，經濟驅動的三駕馬車——基建投資、出口、消費。爲了應對未來經濟下滑導致的困境，中國全面降準，鼓勵貸款，個人及企業減稅等，已經爲 2019 年的貨幣政策奠定了穩健寬鬆的基調。如何實現從宏觀金融刺激傳遞到各級經濟基礎，以及微觀領域，依然是困擾中國宏觀經濟的巨大挑戰。答案或許並不全在金融本身。

貨幣從央行流入實體企業需要三個環節：一是央行向商業銀行釋放基礎貨幣；二是商業銀行具有向企業提供信貸供給的意願和能力；三是企業有融資需求、願意借錢開工生產。但經濟下行情況下出現了銀行不願意借錢，個人及企業不想借錢的現象（願意借貸的個體無法償還借款也會延續風險）。

貨幣發行機制的層級獲利行爲，恰恰成爲貨幣與啓動微觀

經濟的矛盾。因爲宏觀金融週期性收緊或寬鬆會在資本市場產生放大效應，而微觀經濟是影響民生的必須生態。

這種情況說明了傳統經濟學的困境，就業、經濟在金融槓桿作用下，往往會形成下循環或者正循環。可信任機制下，微觀貨幣、多層級的合理秩序架構，容易形成一個保障體系。

在傳統經濟學中，自由市場理論是建立在微觀市場訊息不足的假設條件下，由自由市場充分競爭達到市場的效率化。但泛自由市場會出現週期性金融問題，也有可能引發經濟危機，這時候往往需要宏觀貨幣金融刺激調控渡過經濟危機。但通過 QE，國債宏觀調控模式從上而下，成本比較大，很難讓大部分個人獲益。但個人需要承擔發行債務引起的名義債務負擔，所以出現了少數人壟斷大部分財富的現象。

傳統經濟學中的資本驅動的經濟體，是建立在社會經濟不能夠完全表達出來的基礎之上的，而是向全訊息經濟社會方向發展的，比如信用與稅收體系建設、信用卡、個人支票的普及。當前訊息化的時代，已經爲全訊息經濟社會做好了準備，數位化社會可能體現出北歐國家這種資本主義與社會主義結合的方式：一方面人們的基本生活獲得保障，另一方面又能激發個人創新以及更優質生活的願望。

現在，在互聯網訊息技術的驅動下，我們可以嘗試借鑒騰訊區塊鏈發票系統或者阿里巴巴商業作業系統，或者通過購買技術能力強的大公司服務協作，在部分地區、行業做試驗，通過發行微觀貨幣機制啓動及驅動經濟的活力。

6.2 微型數位貨幣發行體系補償宏觀經濟的驅動力

第一，**多層級金融激勵，促進就業，維護經濟秩序，應對經濟週期**：當經濟下行之後，就業、消費、金融等互相影響。但反映在宏觀上，一般來說，宏觀經濟下行及宏觀調控會出現滯後問題，而宏觀調控從上到下，不能直接刺激微觀經濟。而微觀貨幣機制可以及時、直接啓動個體、中小企業。微觀與宏觀協調形成多層級互聯的貨幣及金融財政政策，是更加科學的調節機制。

第二，**宏觀經濟是由微觀個體組成的類似經濟複合體，合理流動性是健康經濟體的標準**：

宏觀經濟體是個體組成的經濟複合體，就像人體的各級器官、細胞之間的關係。對於一個健康經濟體來說，個體又像細胞，合理的個體經濟運轉是宏觀經濟體健康的體現。微型貨幣機制通過合理的流動性，調動每個微觀的經濟因素，滿足個人合理生活品質的同時，實現宏觀經濟體的健康發展。

第三，**微觀數位貨幣帳本系統提高金融效率**：央行依據區塊鏈技術，針對個人、企業、商業、銀行、團體、各級行政單位，建立數位貨幣帳本系統，一鍵簡單化操作將會提高金融效率。以個體經濟功能單位爲微型數位貨幣發行機制，改變傳統抵押貸款獲得資金的管道。國家本身是代表個體複合體經濟的合法貨幣發行單位，傳統的思路是，一方面各級政府通過向公眾、銀行、央行舉債、抵押等手段以債務形式獲得貨幣。另一方面，通過各級銀行向企業經營等貸款或者民眾發放住房等消費貸款釋放流動性。而貨幣盈餘的個體及公司、社保部門、保險等，通過購買政府債務、銀行存款、股市投資等獲得利息或者資本增長。政

府向個人、團體及企業徵稅，通過基礎建設、公共支出等手段釋放貨幣，最終達到財富再分配的目的。但是傳統的財富分配本身存在很多的缺陷，比如腐敗、灰色收入、多層級高利貸等。而傳統貨幣政策的長鏈條的多環節、低效率，個體的抵押貸款短期化並不能改善生產效益與品質，也無法更好地改善個體生活品質及穩定性。

第四，**緩解各級政府債務負擔**：通過各層級微型數位貨幣發行機制，讓一些需要扶持的領域獲得持續健康發展，比如醫療、農業、生活必需品、住房、教育、學生上學、非出口爲主的內陸地區，及其他與民生相關的領域。同時這也是一種新的嘗試，緩解各級政府債務驅動經濟的壓力模式，減少地方政府債務，平衡國內區域金融問題。這樣一方面解決貨幣金融激勵問題，一方面解決縣級以下財政困難問題。

第五，**解決區域金融經濟平衡問題**：微博上有人公佈了一個模式，大概意思是香港提供資金，廣東生產，內地消費。中國改革開放後，海外的投資一般集中在沿海地區，一方面通過低端加工及代工模式出口海外，另一方面通過規模效應，向內陸地區輸出產品。人民幣綁定美元、歐元的出口政策，又讓出口企業獲得貨幣發行機制。當前中美國際貿易衝突加劇，加工行業成本上升，年輕人不願意去工廠工作，部分加工業向東南亞轉移，沿海低端加工及代工模式越來越弱化。而內陸地區很難獲得持續性金融支持，通過微型貨幣發行機制，讓一些需要扶持的領域、非出口爲主的內陸地區、影響到民生的領域獲得健康持續發展。同時這也是一種新的嘗試，緩解各級政府債務驅動經濟的壓力，平衡國內區域金融問題。同時內陸地區經濟健康發展，也利於沿海發達地區的高端技術及設備市場開發及場景應用。

第六，**化解金融系統自身矛盾**：為了刺激經濟，央行接連出臺貨幣寬鬆政策，但銀行為了預防風險不敢輕易借貸，有能力的個人、企業因為無獲利性高的預期，也不敢輕易借款。而微型貨幣政策有利於打破僵局，提供信任金融經濟鏈條的同時，激勵合理利潤對接，同時讓銀行真正地專注運營自身功能或者發揮服務功能，輔助微型數位貨幣的發揮。

第七，**激發個人活力，自由創作，同時保障個人與基本生活並不矛盾**。互聯網訊息化，讓社會在宏觀與微觀經濟中找到了平衡工具，宏觀複合體與個體及功能單位互相協調，讓經濟合理地流動，而不是畸形發展，個體生活有效及穩定，才能更好發揮創造性。

第八，**環保生態激勵**：對於生態、農業、農村、醫療、教育、科研，城市居民可以通過微觀數位貨幣激勵政策，建立以環保、健康為主的基礎系統，通過互相連結、有機組合，激發基礎層活力。

第九，**國際合作**：有效的金融經濟創新，可以為世界提供互相學習的模型，通過國家化其他國家以此為基礎的進展，可以產生多樣化的微型數位貨幣激勵方式，進而讓微觀與宏觀經濟實現優化、進化。

而對於現代社會來說，電子支付已經盛行，技術問題逐漸完善，微觀貨幣激勵已經成為可能。

通過微觀領域發行貨幣是一個有益的嘗試。因為屬於社會經濟試驗，既影響金融、經濟，也影響社會學。所以局部嘗試，真正對社會具有推動作用之後，可以進行擴大領域的嘗試。當然金融經濟是複雜的體系，只有經過社會實踐，才能找到合理方法。

需要貨幣激勵的大學生及個人如何獲得支持：在新的微型貨幣機制下，學生要完成學業，但個人需要得到一些資金幫助。微型貨幣屬於普惠性貨幣激勵政策，無論個人家庭條件如何，都可以獲得支持。在這種機制條件下，個人可以申請微型貨幣體系支援。學生及個人需要拿出不影響學習的時間打一份工。而對應的公司及政府部門可以通過安排學生去打工，或者從事公益獲得微型貨幣的支持。當然如何做到信任，真正發揮工作實效，有益於社會，就需要發揮社會機制。

好的創意需要防止被濫用，微型貨幣激勵應建立在產生社會實在價值基礎之上，真正建立信任的價值鏈條體系，不能依靠欺騙獲得貨幣激勵。

5G 時代，個體與萬物的多層級互鏈，就像一個有機複合體，個體依據功能單位，多層技術架構連結，將促進金融與實體、就業與生活、醫療、住房、出行、環保鏈條的價值優化及重塑，也會影響及誕生新的互聯網模式、及與政務部門對接的新場景模式。

6.3 總結及預測：中國與世界多層級數位化金融的未來

　　超級互聯網公司利用互聯網技術介入金融領域，重新塑造了金融生態。

　　而金融是世界經濟的血脈，主導了世界財富及權利。

　　主權貨幣是依據各國實力、歷史，自然演變而成的貨幣，在國際市場上美元，歐元一直屬於世界經濟的主導型貨幣，隨著中國國際地位的上升，人民幣國際化地位逐漸提高，但相對來說美元、歐元、英鎊、日元一直是國際金融中的主導，美元、歐元更佔據了國際金融的主要份額。

　　除了主權貨幣，國際金融秩序中，還有債務市場，股票市場，期貨，基金，外匯交易，投資銀行，銀行體系，國際各種開發銀行，清算組織等。

　　隨著數位貨幣與科技金融的發展，未來將形成以下趨勢：

　　聯合國數位貨幣：隨著發展，為了解決資源、環境、人口，為了平衡各個國家金融主導權的矛盾，可能誕生聯合國數位貨幣，形成國際貨幣的某種權力交換。

　　聯盟數位貨幣：像歐盟一樣，一些國家可能聯合起來，形成一種平衡機制，推行一種數位貨幣，一些經濟不發達的國家，或者人工少的國家，與一些經濟強勢國家合作，可以獲得貨幣穩定機會，也有可能這些國家通過與超級互聯網公司合作，來實現貨幣權益。

　　超主權數位化貨幣：臉書加密貨幣Libra與美元、歐元等綁定，產生信用與流動性，如果美國、歐盟政府最終讓Libra數位貨幣成為可能，這將是國際上第一個由超級互聯網公司主導的貨

幣，金融、支付體系。

中國電子支付：微信、支付寶手機電子支付，已經成為中國領先世界電子支付系統重要名片，隨著電商的發展，阿里巴巴旗下的支付寶進入了全球五十多個國家的市場。同時阿里巴巴、騰訊在區塊鏈金融方面的佈局，也讓中國儲備了豐富的數位化金融技術及經驗。

微觀數位貨幣發行機制：微觀數位發行機制是國家貨幣主權主導下，依賴互聯網體系及數位貨幣技術，一種驅動經濟的發行機制。微觀數位貨幣發行機制屬於數位貨幣技術，向農業、工業、服務業、個人直接融合的一種機制。

對於中國金融數位化的積極意義來說，結合中國前沿電子支付及數位化貨幣技術，微觀數位貨幣發行機制與臉書數位貨幣理念可以結合起來，與世界主要國家形成共識，產生世界經濟文明新的體系。

數位化股權市場：《麻省理工科技評論》雜誌官方微博發佈標題為「歐盟首家合規股票代幣化交易平臺將上線，交易美股可不受時間限制」的博文：

據彭博2019年1月3日報導，數位交易平台DX. Exchange 將讓投資人可用加密貨幣購買谷歌、Facebook、蘋果等大型美股，且不限制於股票市場的營業時間。

DX 將首開先例，將上市公司股票代幣化，採用納斯達克的金融訊息交換（FIX）協定，推出基於十支在納斯達克上市企業股票的數字代幣，包括谷歌、Facebook、英特爾、蘋果、亞馬遜、特斯拉。每一代幣都有一股普通股支持，持有代幣者並可獲得同樣的股票分紅，股市收盤後依然可以進行交易。

其代幣將基於乙太坊網路，數量與DX 交易所的需求相對

應。DX 交易所的首席執行官認為，「這是傳統市場與區塊鏈技術合併的開始，這將打開一個全新的新舊證券交易世界」。

代幣化是加密貨幣愛好者越來越常談論的趨勢，這將涉及現實世界資產轉換為使用區塊鏈技術的數位合同。證券型代幣將可能是 2019 年快速增長的關鍵領域。

隨著數位化貨幣、數位化金融科技與實體經濟的高度融合，未來全球股權市場可能形成一個全球代幣化股權市場，人們可以通過手機、電腦，在每個時間階段都能買賣全球任何一個股權市場的股票。進一步來說，通過金融及科技手段，非上市公司股權也可能會成為其中一部分，納入到股權交易體系之中。

數位化期權市場：區塊鏈及其他技術代幣化延伸，可以在礦產、資源、石油、能源、糧食、農業等方面，形成全球有秩序的交易機制。

中國股票市場：上市企業的本質，涉及兩方面，一個是股民，一個是企業。而股票交易所是客觀仲介，服務於股民與企業，同時把握市場品質，體現公平公正。

企業通過股票市場向股民出售股票，換取長期資金支持；股民通過購買企業股票獲得股權，並享有分紅、企業價值及股權價值上漲帶來的增值效益。股市交易所負責監督及保持股票交易市場的合理性。對於大多數股民來說，股票市場中的風險與收益具有不確定性，一般股民通過持有的股票升值或者分紅來獲得收益；當股市下跌，或者企業經營不善時，就要跟著承擔損失。影響股票市場的因素很多，比如國內外金融及經濟政策、國際貿易、匯率、經濟週期、行業發展週期、國內外各類股權投資基金、企業經營及財務風險、企業經理及控股大股東聲譽、關聯投資、股權質押風險等。

　　保護股票市場的中小投資者，一直是一個熱門話題，而一個良性循環的股票市場，企業原始大股東在企業上市之前，就應該清楚，上市是向股民及投資者借錢獲得資金，大股東及原始股東依靠企業經營價值及分紅獲益，讓企業獲得長遠發展，而不是依靠出售股票及不對稱的訊息獲得收益。但企業原始各級投資股東及大股東，有向股票市場出售股票、獲取資金的需要，比如科技股股東一開始做風險投資，上市就是為了在適當時候退出收回資金，並準備投資孵化其他創業公司。對科創板來說，可以釋放部分股權給散戶交易。而原始投資股東及大股東可以向投資基金交易，或者跟五百萬以上股票持有的散戶交易，並指定散戶交易的企業股票比例。當科創板發展成熟，具有一定行業影響力的時候，可以釋放部分股權到散戶市場。

　　但中國股票市場散戶多，股權基金不成熟，從上市企業到散戶存在訊息不對稱。解決的方法是建立股民長期參與企業經營監督的機制，或通過區塊鏈、5G 即時視頻、VR 等技術手段，讓股民更多地瞭解企業。

　　中國區域金融的平衡：由於歷史原因及中國人口眾多的因素，中國區域金融長期處於不平衡狀態，沿海發達地區獲得的上市機會越來越多，而缺乏金融支援的內陸地區的股民資金，通過股市流向發達地區。在不影響發達地區高科技企業上市的情況下，需要建立多層級的區域金融，保持發達地區國際競爭力的同時，也能夠為內陸地區服務，啟動區域將會有利於各地經濟的均衡發展。

第三部分

超級AI複合體經濟

在過去幾十年，隨著個人電腦與移動護理網的發展，誕生了很多全球高科技巨頭，部分傳統行業比如傳統媒體被互聯網訊息公司取代。

但互聯網時代，並沒有脫離基本傳統經濟學的規律，全球資本主義經濟矛盾積累越來越多，而互聯網商業也逐漸顯示其弊端。一方面互聯網商業越來越向頭部集中，而中小企業及商家越來越難以盈利，應對，同時人們投入更多精力面對複雜的互聯網訊息及個人隱私保護等問題。另一方面，電商與快遞造成的污染越來越嚴重，城市集中化，區域不平衡問題依然得不到解決。

隨著5G數位化時代的到來，傳統經濟與互聯網商業需要進化與融合到數位時代的全場景，人工智慧，複雜系統中，重塑經濟學讓更多人獲益。

5G 時代，數億個家庭，數十億人口，數千萬個工廠及商業店面，數千億的萬物互聯，以個人生活，工作場景為中心，通過人工智慧，把個人生活，就業，消費，生產，與數位金融科技等融為一體，這就是AI複合體經濟。

AI複合體經濟是依據互聯網工具，打通凱恩斯宏觀主義與奧地利自由經濟學派之間的隔離，重新塑造第三種經濟場景。

AI複合體經濟，重新定義網路權力，數位化金融，電商，傳統經濟要素。

AI複合體經濟形成新的就業，分配與生產機制，不僅能夠讓人們過上更舒服的生活，同時也會節約能源，減少人們的勞動時間。

第7章

傳統經濟與互聯網商業的悖論

7.1 互聯網商業悖論

在未來，隨著智慧化，機器人大量替代人們的工作機會，人擔憂就業機會被剝奪；如何應對就業機會及人們收入需求，需要一種新的數位化經濟來適應新的要求。

連美國這樣號稱要主導世界經濟的國家，普通民眾選舉總統最重要的標準之一，就是能否解決就業與收入問題。

美國中產狀況：美國著名脫口秀主持人馬厄在節目中說：「這次政府關門，暴露了聯邦雇員是典型的中產階級，在邊境建牆並不是關鍵問題，雇員的錢包才是主要問題所在，他們不能一個月沒有工資。糖尿病患者會因此減少胰島素注射，有的人還不上房貸，六成美國人存款不足一千美元，錯過一個月工資就過不下去，平時連四百美元應急款都拿不出，一千五百萬人沒為退休存款，貪婪的資本主義對我們中產階級……美國不再製造中產，而是榨乾中產，讓他們疲於奔命！」

互聯網商業悖論：我一個小縣城的朋友，在 2018 年12月最終決定放棄他的小商品批發業務，要投身做物流。他的意思是互聯網商業已經深深影響到縣，以至鄉鎮，越來越多的空間被擠壓。互聯網商業的副作用越來越明顯，傳統行業的生存越來越艱難，話語權與資本權利正流向少數互聯網企業，互聯網的普惠性正在喪失。

互聯網商業影響越來越多的傳統店鋪生意，隨著競爭加劇，而很多中小電商反映越來越難以在電商平臺獲利。

同時互聯網快遞帶來的包裹大量增加，不僅帶來環境污染，而且從事快遞行業的年輕人正在因此而喪失學習技術的機會。

2018 年，中國快遞量達到五百億，我國快遞業務量連續五年穩居世界第一，超過美、日、歐等發達經濟體總和。

經初步估算，2018 年全國快遞業共消耗快遞運單逾五百億個、編織袋約五十三億條、塑膠袋約兩百四十五億個、封套五十七億個、包裝箱約一百四十三億個、膠帶約四百三十億米。國內一年使用的包裝膠帶，可以纏繞地球一千零七十七圈。

中國快遞業的繁榮帶動包裝業蓬勃發展的同時，也製造了大量污染。包裝材料以紙張、塑膠為主。塑膠的主要原料為聚氯乙烯，這種原料埋在土裡，需要上百年才能降解。另外，一些商家為了減少貨物的磕損，對貨物進行了過度包裝，使用了大量的紙箱、膠帶、泡沫紙等，這些一次性的用品只能作為垃圾處理。

中國計量學院副教授顧興全在《中國快遞標準化》研究中指出，我國每年因快遞包裝過度浪費的瓦楞紙板約十八·二萬噸，相當於年均每年砍掉一千五百四十七公頃的森林。

在每年消耗約三億立方米的木材中，近 10% 用於各種產品包裝。主要原料木漿占 40%，木材超過兩千萬立方米。

有時我們只網購了一瓶醬油，卻附帶著太多的包裝。

在大自然面前，人類其實很脆弱。地球是一個生態體系，當人類的工業文明導致的工業排放積累到一定程度，霧霾與污染產生，工業文明副作用開始顯現。當生物技術驅動的生產大規模進入人類社會，也會在微生態方面影響人類。在地球資源有限的情況下，隨著生產力的提高，人類社會如何與地球環境相處，人類自身如何達成共識，如何認識到自身局限等問題被提上日程。

隨著現代工業文明的發展，人類利用科學與技術，在短短幾十年的時間內，生產超越了人類社會誕生以來的幾千年的生產量。

在經濟社會，經濟成為主題，但提供經濟運作的背景是社會學。

當今社會的人類文明出現了兩個核心問題，一個是全球資本主義治理的失效。一個是在有限的地球資源前提下，環境與人類的互相影響問題。

7.2 經濟學本質，就業權依據的自然演化

經濟學的本質：經濟學越來越複雜，以至於我們都忘記了最初經濟學最簡單的原理，就是通過勞動交換，滿足人們的衣食住行。但從目前看，世界過於被經濟衍生的貨幣金融秩序操縱，而不是讓金融貨幣為人們做長期的服務。

就業權依據的自然演化：在進化歷史上，面對殘酷的大自然，人類與其他動物在競爭中勝出，形成群體，發明工具，利用工具，逐漸積累優勢，這是人類智慧的體現。

在原始社會，人類數量少，大自然能夠為人類提供足夠的發展空間，人類也利用工具和群體優勢拓展領域。

當然，從部落到國家的建立，從奴隸社會到封建社會，人類依然沒有擺脫制度性剝削，資本社會取得了很大的發展，生產力得到飛速發展，生活大大改善，但大部分人依然掙扎在生活煩瑣與苦惱之中。

當今社會性的焦慮，就是世界雖然高度發達，但人們不再直接面對大自然從而獲得天然就業權利。人們依然更多要面對人、工廠、商業、金融，城市擁堵的空間來打理生活，擔憂會突然失業。

當然，各個國家依然儘量保障工作機會，通過發行債務、貸款等啓動就業市場來讓社會運轉，希望大部分人能安居樂業，而人們也希望通過各種努力，得到更多保障。

隨著全球化貿易的實現，生產的規模也越來越大，許多工廠都出現機器流水線作業、機器人代替人工作業。一邊是生產相對過剩；一邊是消費不足，人們無法獲得更多資金保障穩定。

隨著經濟及資本週期全球波動及共振，無論是美國、歐

洲、中國都出現了問題。如何保障就業成為一個突出性問題，或許需要一種新的機制來代替傳統的全球貿易機制。

7.3 全球債務驅動經濟的馬車太沉重了

貨幣本色的喪失：從原始社會的貝殼，到奴隸社會、封建社會的金屬鑄幣及黃金，再到資本主義社會的紙幣。貨幣本來就是物品之間的交換仲介。但現有社會，央行或者美聯社儲作為發行貨幣的主體，通過銀行，對國家各級政府、企業、團體和個人發行債務。貨幣是人們為了滿足互相物質的交換，而產生的一種價值仲介。雖然經濟越來越發達，但人們越來越發現，衣食住行、醫療、教育卻成為大眾最焦慮的事情，讓人們疲於應付。甚至這些負擔成為人們真正的負擔，以至於人們越來越佛系，不結婚、不談戀愛、不生育，失去理想的光澤。

那我們失去了什麼，真相在哪裡？

真相就是人類喪失了自然屬性。

而世界各國所採取的發行債務、金融貸款的方式也出現了問題，債務已經達到極限。

全球債務：新華社 2019年1月 15日電：總部位於華盛頓的國際金融協會 15 日發佈報告說，截至 2018 年第三季度，全球債務規模已超過全球經濟總量的三倍，全球債務占全球國內生產總值（GDP）的比例接近歷史最高水準。

報告顯示，截至 2018 年第三季度，全球債務總規模為兩百四十四萬億美元，同比增長3.9%，較 2016 年同期增長12%；當季全球債務占 GDP 的比重達318%，接近 2016 年第三季度創下的歷史最高水準320%。

從債務類別來看，截至 2018 年第三季度，全球政府債務總額超六十五萬億美元，非金融企業債務近七十三萬億美元，家庭債務達約四十六萬億美元，金融企業債務達約六十萬億美元。

日本和希臘是世界上負債最多的經濟體，債務占GDP 的比例分別為 237.6% 和 181.8%。與此同時，美國以 105.2% 的比率排在第八位，美國財政部最近估計美國國債為二十二萬億美元。

報告顯示，全球債務規模近十年來顯著上升，尤其是非金融企業部門和政府部門債務增速較快。其中，發達國家政府債務增速較快，新興經濟體企業債務增速較快。

參考消息：據英國《金融時報》網站2019年 1 月 20 日報導，根據國際金融協會的全球債務監測資料庫顯示，歐元區家庭持有的債務，在 2018 年第三季度降至 57.6%，是2006 年以來的最低水準。

歐元區的這一數字低於美國。美國的家庭債務占國內生產總值（GDP）的 75%，並遠低於英國的 86%。這些數字包括抵押貸款、汽車貸款或學生貸款等擔保及無擔保貸款。

報導稱，在一系列關稅爭端威脅全球貿易發展，歐元區經濟顯示出放緩跡象之時，經濟學家越來越將家庭支出視為經濟增長的支柱。

2019 年初，一條關於 2008 ～ 2017 年工農中建四大行貸款結構資料的新聞引起線民關注。

十年內，基於工農中建四大行年報資料，從 2008 到2017 年，四大行累計投放貸款規模為 252.76 萬億元，其中個人住房貸款規模為 68.84 萬億元，占比 27%，再加上房地產企業貸款，十年內四大行投向房地產行業的貸款規模總計達 87.96 萬億元，占比 34.8%。包括四大行在內的整個金融機構，十年內貸款餘額從 34.95 萬億元上升到 136.3 萬億元，而房地產行業貸款（房地產開發貸款 + 個人購房貸款）餘額，則從 5.67 萬億元擴張到 38.7 萬億元。在此期間，房地產行業貸款占比也從 16.3% 攀升

到 28.4%。

2018 年末，家庭部門貸款餘額飆升至 47.9 萬億元的新高點，槓桿水準（占 GDP 比重）也歷史性地突破了 50%。其中，個人抵押貸款的比重由49.2%上升至57.4%，這其中還未包含快速增長的公積金貸款——2017 年全國公積金貸款餘額為 4.5 萬億元，同比增長 37%。

個人住房抵押貸款的快速增長，讓居民槓桿率居高不下，個人家庭承擔債務過大，遇到預期收益變差時，就會產生排擠效應。為了還清債務，人們會降低消費水準，降低消費水準會傳遞到經濟鏈條，首先導致企業盈利下滑或者預期不好，接著企業就會裁員或者減少新人招聘，從而影響就業等環節。另一方面房價增高會增加傳統行業的成本，人們會要求提高工資待遇，來應對買房或者房租及其他生活支出成本的增加。這對相對薄弱的中國製造業來說，需要短期應付成本上升，而不是循環漸進地改良工藝及效率，而互聯網商業的透明化，又會降低沒有護城河品牌效應的行業，尤其是中小傳統製造業的利潤。

房地產高企對製造業等實體經濟融資，產生了明顯的排擠效應，也帶動了居民槓桿率創下歷史新高，進而對居民消費造成較大的拖累。

2019 年初根據招商證券研報數據，政府和非金融企業債務合計有一百六十六萬億元。企業的債務率過高，中小微型企業質押條件不足，財務鏈條信用不高，也導致銀行採取謹慎措施，做一些有把握、不易出風險的業務，甚至一些地區及行業出現信用收緊的問題。

在不少金融界人士看來，總量政策無法解決結構問題，答案或許並不全在金融本身。

　　為供給側結構性改革和高品質發展營造適宜的貨幣金融環境。「一方面，要精準把握流動性的總量，既避免信用過快收縮而衝擊實體經濟，也要避免『大水漫灌』影響結構性去槓桿。另一方面，要精準把握流動性的投向，發揮結構性貨幣政策精準滴灌的作用，在總量適度的同時，把功夫下在增強微觀市場主體活力上」。

　　從另一個角度看，由於現在市場越來越趨於成熟，除了少數企業，對於大部分個人及中小企業來說，互聯網商業讓利潤越來越透明、有限。無論是個人還是企業，很難再像原來一樣獲得高收益的專案。而且一些人及企業在槓桿中還沒擺脫出困境，這導致大家採取謹慎的原則，從而使貸款消費和貸款投資的意願降低。

　　而對於地方政府來說，總體債務盤子比較大，像原來一樣發行債務驅動經濟的效應有限。

　　在中央「房住不炒」調控精神指導下，居民債務負擔沉重的問題將得到改善，監管部門積極引導銀行資金進入民營企業、小微企業和基建投資，如果就業及個人收入提高，隨著個人抵押貸款逐漸回落，房地產市場對製造業融資的擠壓也將逐漸緩解。

　　債務驅動的金融經濟模式，已經達到了新的紀錄，通過債務驅動經濟，就業的模型需要新的角度，也就是後面提到的由微型貨幣發行來替代，或者替代部分債務驅動的貨幣金融新經濟模式。

　　財富的本質：貨幣、住房、股票、企業、黃金等所有財富表徵，是建立在自然基礎之上，就像空氣對人們重要但幾乎是免費的，目前經濟理論的缺陷在於，人們為了獲得表徵相對財富，而過渡掠取自然資源，生態惡化反而會導致人們未來財富的持續

性喪失。

　　如果未來依據人工智慧，區域生態功能計算佈局農業、商業、工業系統，既可以減少生態浪費，又可以保障更好的生活品質。比如各個企業按照五百公里生活圈佈局，不僅能合理安排就業、住房、醫療，減少交通運輸和過渡包裝問題，還能讓人們工作更輕鬆。

7.4 城市化、股市及科技怪獸

城市化： 過去二十多年，我們的目標是城市化，建立超級城市及城市群。但擁堵的城市交通使效率越來越低。現在作為我們學習榜樣的日本東京正在出臺政策，獎勵那些離開東京的人口。中國為了疏散城市壓力，平衡經濟與生態，建立雄安新區，準備把金融、央企等功能部門疏散過去，而把北京建成更專注的首都功能區域。

房地產困局： 房地產屬於支柱性行業，但過去這些年，房地產非理性上漲，反過來增加了社會成本，影響了實體經濟，壓制了個人消費。

房地產屬於具有公共性質的產品，又具有商品屬性，對於大眾需求來說，有限度的利潤、調控，包括對房地產進行合理資金支援，才能更好地利於社會發展。

股票市場的錯誤： 上市企業上市是為了借錢發展，而不是上市大股東及原始低價股東或者投資機構把股票賣向市場。大股東及原始股如果出售手裡的股票，必須經過嚴格審批或者打折扣，甚至不能隨意賣給散戶。大股東合理收入應該是因為公司業績及預期獲益，而不是因為市場訊息不對稱讓普通散戶虧損。同時讓散戶或者股票市場的二級投資機構，參與到上市企業管理或者監督中去，這樣才能做到部分訊息平等。

發達國家的保守： 美國要退出包括世界貿易協定在內的群，並希望在墨西哥與美國邊境之間架起一座阻擋移民的牆，並

試圖把華為這樣掌握著 5G 先進技術的公司，限制在美國及部分國家之外，並試圖挽救美國中產的就業。這樣一個原本宣導自由貿易的國家現在越來越保守，這將導致世界經濟、文化、科技的重新塑造。

7.5 科技資本怪獸

2015 年蘋果營收就高達 2310 億美元。如果蘋果的營收與世界各國的 GDP（國內生產總值）進行排名，蘋果就能排在第 42 位。其與芬蘭（2015 年 GDP 爲 2310 億美元）相當，超過愛爾蘭、葡萄牙和卡達等國。

2016 年根據 FactSet 研究的一份報告，微軟第三季度的現金和短期投資總和爲 1359 億美元，緊跟其後的谷歌公司Alphabet，現金和短期投資總和爲 830 億美元。排名第三的思科公司，現金和短期投資總和爲710 億美元。甲骨文的現金和短期投資總和則爲 684 億美元。

如果包括長期投資在內，蘋果公司的現金儲備數額爲 2376 億美元，成爲現金儲備王。微軟位居第二，其現金、短期投資和長期投資總和爲 1474 億美元。緊隨其後的谷歌母公司 Alphabet 現金儲備數額887.6 億美元。之後的排名分別是福特（F）、思科、甲骨文和通用汽車（GM）。

截至 2018 年 9 月 30 日，IT 行業總共持有 6227 億美元現金和短期投資，占標準普爾 500 指數現金儲備總額的 43.6%。

微軟、谷歌、亞馬遜、Facebook，這些互聯網企業是過去三十年來最成功的企業。像微軟、蘋果這樣的企業獲得超額利潤，擁有比大部分中小國家更多的影響力，而像亞馬遜、谷歌、Facebook，越來越成爲影響人們日常生活的企業。

當然，在中國，騰訊、阿里巴巴、京東、百度、網易、美團、滴滴、頭條，已經深入到人們的日常生活當中。由於電子支付手段的普及，攜帶一部手機比攜帶現金更方便，不僅僅傳統銀行業，其實造幣工廠工作人員也應該感受到了巨大危機。

　　未來主導世界進程的可能是科技公司。對於大部分中小國家來說，在科技企業面前，劣勢越來越明顯。隨著亞馬遜、谷歌這樣科技企業的勢力範圍擴大，將來有可能由科技公司主導一些小型國家的經濟改良，並爲之重新塑造國家秩序。

7.6 數位經濟的未來應該更具有文明性

　　過去商業依然是充滿著過渡競爭，奉行叢林法則，這導致產生了很多問題，數位經濟時代，是否能誕生新的數位規則，產生一種共同體效應，平衡資源與生產，消費與就業，塑造國家之間良性競爭，這將成為一種新的商業模式或者機會。

　　數位化經濟文明，會帶來更好的經濟秩序，如果深入人心，不僅避免國際貿易衝突，也可以更持久延續人類發展。

第8章

電商的深度進化——
超級AI複合體經濟

8.1超級 AI 複合體經濟

隨著競爭的激烈化，中小商家越來越難以在淘寶、京東這樣的電商平臺上獲得利潤。

全球5G時代萬物互聯，人工智慧將讓工業、農業、交通、建築、服務業、娛樂等產生極大生產力。

世界將需要新的規則來讓個人普惠保障生活，來應對人工智慧時代。

5G時代，農業、工廠、房地產、醫療將進入數位化時代，電商平臺的進化將向兩個方向延伸，一個是爭取消費者持續忠誠度，一個是生產服務企業與電商平臺的深度融合。

未來的電商最終進化為個人就業、消費、金融、生產、住房等交錯連接的人工智慧（AI）超級複合體。

AI超級複合體類似於人體細胞與人體關係，凱恩斯宏觀驅動經濟與奧地利自由學派將通過互聯網工具融合，互聯促進補償缺陷，人工與AI智慧大數據處理成員之間的就業、生產、消費等需求。

AI複合體經濟將呈現幾個場景：

1、人們的就業、生活將得到基本保障，全球出現新經濟文明，但通過人工智慧提高生產率，重新塑造場景。

2、人們學習、工作時間將更加靈活，富餘娛樂時間將更多，創新、智慧財產權將給普通人帶來更多財富機遇。

3、生活品質及產品品質因為訊息化流程將得到更好的保障。

4、傳統互聯網巨頭、房地產、金融、生產、服務企業，將在AI人工智慧複合體中重新聯接、定位。

5、新的人力資源服務企業將提供新的人力資源組合，帶來新的普惠參與，並對互聯網及傳統經濟產生新的價值、財富驅動。

6、分散式生態居住生活，將成為未來全球趨勢。

AI複合體經濟就像是亞馬遜、京東、阿里巴巴企業的升級版進化，一方面向基礎層延伸到生產製造服務等領域，另一方面向消費者領域延伸到就業、住房等更多綜合性領域。

阿里巴巴商業作業系統看上去比較接近超級複合體的理念。

阿里巴巴商業作業系統：2018年10月30日，阿里巴巴集團首席執行官張勇發表致股東信，明確提出「阿里巴巴商業作業系統」的概念。在張勇看來，每個具體領域都有強勁對手，但阿里巴巴的優勢在於生態。全世界沒有一個公司有這樣一套作業系統，它不僅觸達消費者，而且能夠服務企業。阿里經濟體中的多元化商業場景及其所形成的資料資產，與正在高速推進的雲計算結合共同形成獨特的「商業作業系統」。阿里從消費者互動、行銷、銷售、供應鏈、物流到雲計算、阿里電商、數位虛擬產品、螞蟻金服、雲計算、阿里媽媽、高德，都構成了阿里商業作業系統的重要基礎設施。

像阿里具備娛樂平臺、出行平臺、直接面向消費者的購物、快遞運輸平臺、進出口中小企業介面平臺、阿里雲連結企業管理系統，並擁有螞蟻金融、支付寶等金融平臺，完全具備了數位生態鏈條的全系統。

當然，目前阿里商業體系與複合體經濟理念是衝突的，具有本質的不同：

1，阿里商業體系偏於自身利益訴求，並非帶動普惠性。

2，價值觀不同，阿里商業是讓天下沒有難做的生意，AI複合體是讓天下沒有難過的生活。

3，像阿里商業體系股權結構，目前並不具備全鏈條的有機組合能力。但總體來說，阿里巴巴商業體系目前最接近AI複合體經濟的系統。

隨著對個人資料的隱私保護及個人需求的升級，5G 時代技術的演變，數位農業、數位工業及智慧化服務、傳統的農業、工業，服務業、互聯網、交通將面臨重新架構及模式的塑造。最初將是圍繞簡單的企業服務與個人超級APP需求的對接，最後形成演化為全球互相連結的超級有機經濟複合體。

無論是傳統行業（包括傳統的互聯網行業），還是高科技行業，都將重新塑造及組合。一場不可避免的世界經濟的權力的遊戲規則將被改變，財富規則將重新塑造。

一批新的概念公司將誕生，比如：演算法公司、專注資料儲存的公司、資料交易所、基於個人APP服務的協助連結公司、個人智慧財產權協助、能源演算法交易中心、數位銀行，金融科技演算法公司、數位股權財富管理公司、遠端協助服務公司、農業資料管理公司、專注於工業各行業的資料及設備公司，自組織設計公司、3D 混合現實開發、基於信任機制的服務及監督公司、人力資源公司等等。

5G 時代的未來，從農村、各級城市到世界各地，會出現更合理的分散式佈局。而住房、醫療、教育、工作等會湧現新的組合場景及生態場景。

在AI複合體中，專利、技術開發、行銷、生產、工廠、供應鏈、股權、材料供應、金融供應會出現新的價值衡量。

隨著新理念互聯網模式崛起，傳統的互聯網將與地產、製

造業、農業、服務業等通過數位化AI深度融合。

　　5G 時代，人們將獲得更多勞動時間的解放，人與環境更應該自然和諧。有科學統計，生長在城市中的人患心理疾病的比例大於農村人。因為生長在農村的人，從小接觸大自然的機會就比城市居民多，成年後心理疾病風險低。丹麥奧爾胡斯大學的一項研究指出，自然環境在這裡起了重要作用。這項研究採用了政府登記資料，包含所有丹麥人在 1985 至 2013 年間的居住和醫療訊息。此外，研究者們還利用衛星資料，計算了每個人十歲以前居住地的綠色空間比例。分析發現，在家庭經濟條件、父母病史和年齡等因素都相同的情況下，童年時期居住地綠色空間比例越高的人，成年後患心理疾病的可能性越小。相比於童年時居住地綠色比例最高的人群，那些比例最低人群的心理疾病風險高出了55%。

　　除了心理影響，童年居住在農村或接觸大自然機會更多的地方，因為土壤及微生物生態的多樣性，對兒童腸道微生物、過敏、免疫都會產生更多的積極影響。

8.2 資本的高級進化

　　兩百年來，資本的演化經過了幾個階段的變化，即資本的生產要素，資本的資本要素，資本的員工要素。

　　資本要素之一，**資本的金融籌資的變化**：早期歐洲的國家，比如葡萄牙，通過殖民地在全球擴張；而以英國爲首的資本市場再以戰爭爲手段，掠奪他國黃金，強行打開市場。二次大戰後的世界各國增加央行，財政政策對資本市場的刺激，銀行作爲籌資的主管道作用在新的形勢下越來越小，股票市場作爲籌資的主管道的作用越來越大。企業越來越依靠股票市場來籌得資金。

　　隨著互聯網的發展，傳統企業被納入區塊鏈、智能合約這種數位訊息鏈條之中，像阿里巴巴依據區塊鏈做的螞蟻雙鏈通，讓企業之間眞實訊息反映到鏈條中來，中小企業能夠方便低成本的獲得資金。當然互聯網商業的集中化弊端也逐漸顯現出來。

　　資本要素之二，**市場的變遷**：全球化的經濟使社會化生產率大大提高，企業發現不得不通過兼併來節約費用。企業家們爲了開拓市場而絞盡腦汁。全球化使企業市場拓寬，同時跨國企業發現，他們將面對來自民族主義的抵制。那些發展中國家因爲嚴重的對外依賴性，而變得經濟動盪不安，失去當地語系化的代價，將喚起濃厚的民族主義情節。爲了穩定經濟、控制市場，就要妥協使企業成爲該國家及地區的一部分，變得更加當地語系化，納入該國家的戰略性的範疇是最好的策略之一。

　　由於生產力的發展，企業越來越重視顧客。在生產過剩的年代裡，如果能培養潛在的顧客或留住老顧客，對於生存和發展都是有利的，尤其對投資範圍廣的大企業來說，降低成本、開發新的產品及培養潛在顧客變得越來越重要。培養顧客意味著對其

購買力的投資。如何使你的顧客有足夠的購買力，將取決於你的顧客信用度，對產品的忠誠度及顧客的工作收益。

互聯網商業公司，像京東商城、阿里旗下的支付寶、淘寶，都已經開始為客戶提供貸款。在未來，為你客戶提供就業以保障消費循環，將成為下一個趨勢。

資本要素之三，**工作人員在公司中的作用的變化**：優秀的工作人員在公司的地位越來越重要。雖然生產力水準要求公司節省成本，降低人力成本，但是在一些公司，人才的重要性越來越起決定性的作用，公司重要的職位讓更有能力、有開拓精神和責任感強的人來擔任，尤其在一些高科技公司裡，企業會按照一些秩序性安排，讓員工分享部分股權。

最經典的例子就是華為。由於華為發展過程中面對國際高科技競爭，需要大量資金做研發投入，華為吸取世界各國先進管理制度的同時，創新性地建立了一套合理的內部員工買股、持股的科學管理體系，華為員工擁有98.6%的股票分紅權益。華為的管理、創新及危機意識都很強，華為的管理體系、股權激勵政策也很符合這種高強度、大規模人才創新科技公司的形勢需要。其他互聯網公司採取了不同的政策，也是可以參考的方案。

資本要素之四，**資源對人類的要求**：人類越來越依靠以石油、天然氣為主的能源。當今社會，少數資本主義國家消耗著人類的大部分能源，占世界人口多數的發展中國家，這些發展中國家發展經濟的需求更加迫切。以中國、印度為主的日益壯大的發展中國家，將對資本主義資源構成威脅。霸權及遏制在現有的情況下變得困難重重，而發展中國家步入消費帶動需求的資本主義階段，無疑將使矛盾加劇。未來的互聯網世界，營造更加生態的居住、生活、出行環境，建立生態城市、生態工業、生態農業將

會成為趨勢。

資本要素之五，**生產力的要求**：現代的資本主義理論家，把網路時代稱為後資本主義時代。隨著人工智慧發展，人們越來越把未來描繪成在機器工業下的時代。人們將從繁重的勞動中解放出來，工廠只需交給少數的人來管理就夠了。但是在這樣的時代裡，理論面臨缺陷，就是人們不再工作，將如何來享受文明帶來的成果呢？顯然對於傳統經濟來說，這意味著矛盾，而分配就業及生活保障將成為趨勢。

資本要素六，**人性的需要**：人們發現，在一種激烈競爭機制的環境下，越來越不適應。人們要求有一事實上保障的競爭機制，以佔有為目標的狂熱崇拜，越來越變成能享有社會發展的部分。人類在生活普遍有了基本保障後，對精神生活的需求越來越大。低度競爭，使社會要求更加統一；生活水準的提高使人們改變思維規則。人們對人與人之間的關係要求和睦多於競爭，金融在人們心中地位也漸漸下降，以競爭為精神的文化，將逐漸被以合作為精神的文化取代。

現代人工智慧、生物基因技術的發展，促使人們提出了新的商業道德要求。比如人工智慧的使用範圍，對個人隱私，製造逼真的虛擬影像、視頻、聲音類比，對軍事用途的可控制程度。如果有人利用基因及生物技術來做對人類有害的事情，基因生物技術將使人類遭受災難性破壞。人工智慧、基因工程對人類的影響，也要求在全球建立更好的合作體系，使個人及公司都要受到安全性的約束。

8.3 AI複合體中的價值功能計算

AI **價值功能計算**：對於個人來說，面對複雜的社會體系與知識體系，很難做到樣樣精通，人們面對教育、醫療、住房、保險、銀行、股票、娛樂等複雜體系，就會要拿出更多精力與時間去做應對。同時每個經營單位爲了獲取更高利益，會做出複雜應對以獲取更多大眾利益。消費者與企業或者社會部門之間很難取得互相信任，這樣不僅浪費時間，而且很多時候出現大眾社會心理焦慮，甚至不同群體利益之間的對峙。我們需要一種信任機制，有專業的團隊及公司用可以信任的程式及技術、機制，來幫助個體與其他公司建立需要的信任，讓人們有所依靠。人們需要這個機制提供可以信任的價值功能，來幫助應對醫療、教育、住房、安全飲食、銀行、股票等各方面的事物。但對於各行業從業人員及機構來說，又需要對其技能、貢獻來進行價值確定，以此獲得足夠資源來讓自己的生活變得輕鬆。這些簡單願望的背後，需要強大的價值功能計算來合理分配資源，同時取得大部分人的信任，促進社會的有效性。

在超級複合體經濟體系中，可以通過大數據、人工智慧等技術輔助人們分析各種生產、服務、商業場景之間的資料，來協調不同的利益訴求，甚至協調世界各國之間的貿易平衡問題。

對於市場來說，留住消費者、持續化消費是問題的核心，沒有消費需求，就沒有生產的動力。

商業的本質是交換。現代人生活的壓力越來越大，人們在能夠有效工作的同時，還希望自己與家人得到醫療、教育、住房等方面的保障。如果新的商業模式能夠通過背後複雜些的運作，轉換成一個針對個人的簡潔、可信任的流程，那樣就方便了。

這種簡單交換，背後提供的是醫療、教育、就業、住房保障體系建設。相當於你擁有了一個強大的背後支撐，能夠滿足你最簡單的生活需求。而且你擁有自由選擇的權利，如果基於全球化，那麼你甚至可以依靠這個簡單系統，去國外旅遊或者定居。

一個參與者把自己的就業要求、消費需要、創新，都放在一個基於互聯網的系統裡，結合線上線下，那就是互聯網商業最後的生態模式的競爭。

AI複合體系統中，有國家實行的數位貨幣激勵政策，會向為個人提供保障就業機會的公司注入貨幣激勵。

所有簡單化的背後，都擁有強烈的各種潛在的應用需求，按照核心原則設計功能來提供服務。

多樣性AI複合體平臺：AI複合體經濟中，AI複合體變成一個有機平臺，而這個平臺提供人們的生產、流通、消費需求，個人與生產，商業模式有機混合。AI複合體就像人們的土地，人們在此平臺上勞動，並擁有部分股權，交納稅收，並獲得自己收益。AI複合體呈現多樣性，AI複合體之間互相聯接，提供不同的服務與產品。AI複合體因為人工智慧、自動化，將讓人們擺脫繁重、危害健康的勞動，並同時提高生產力，對於個人來說，AI複合體將提供更少的工作時間，比如一年工作一百五十天，讓更多人參與就業機會，那麼就可以做到保障就業，改善工作環境及時間，提高生活品質。

5G 時代依據大數據、人工智慧分析，會產生一些節能環保又保障生活品質的模式。比如我們目前的生產消費模式，在一些領域產生了大量的包裝浪費，消耗更多能源，帶來污染的同時並沒有提高生活品質。比如你購買一瓶醬油，其實主要是為了吃到那個品牌的放心醬油，並不是為了吃瓶子，但是你不得不把灌裝

醬油的瓶子一起買下來。在八〇年代，人們可以拿著瓶子去商店裡直接打醬油，那時候醬油瓶是可以重複利用，但現在爲了保障品質及便利性，瓶子成爲一次性消耗品。瓶子的製作，包括加工、運輸、原材料獲取，都提供了大量的就業機會，同時也帶來了環境污染和資源過度消耗。在人們環保意識越來越強的今天，類似的過度生產與就業機會本身就具有矛盾性，互聯網商業模式也不能解決這種問題。

如果要解決類似醬油這類產品，在品質和環保上都能兼顧的問題，那麼在 5G 時代，像生產醬油、醋的工廠，它們離人們生活區可以很近，在幾公里或十幾公里範圍內。通過嚴格科學生態功能計算，醬油、醋工廠將有嚴格的品質程序與監督過程，生產工藝過程可以通過 5G 視頻、感測器等手段，讓你隨時能夠瞭解動態生產過程。當然人們會發現很多生活必需品將由這種模式生產出來。對實體超市或者未來自動化住宅的配送模式很容易實現，醬油、醋依然盛放在桶裡（不銹鋼或者其他合適材質），消費者直接拿瓶子去灌裝，或者選擇自動配送上門，而這個醬油瓶可以重複使用。爲保障品質，從配料、加工、檢驗、運輸，一直到消費者手裡，都要有嚴格的品質監管體系，讓信任機制得到最大程度的發揮。

當然，消費醬油、醋的居民可能就是這個鏈條中的一員，或者直接在醬油、醋的工廠負責一個環節，甚至待在家裡的媽媽就可以遠端操作。人們的日常消費、傢俱製造、服裝生產、住房建築，都在這樣體系之中。一般情況下，我們只參與其中一個環節，但很多人因爲好奇，爲了瞭解更多生產環節，會親自去學習一些工藝，就可能有多項選擇。比如一個月兼職兩份工作，或者每幾個月、一年換一個工作環境。

　　你可能是一個設計師，在服裝領域的一個設計，引起其他公司及國際公司的關注，有一個公司或更多公司花了幾十萬美元，把你的版權引入後就近生產。而你的創意為你攢夠了去世界旅遊的資本，於是你可以暫時不用工作，或者通過減少工作協議後，去世界旅遊、感受不同的生活。

　　而目前的互聯網商業模式，依靠大量的快遞業務，很多商品可能屬於單件包裝，這就造成了許多的資源浪費行為，當然也污染環境。

　　我們的生活中有很多類似需要考慮環保、節能的現象，但是減少一些生產環節後，可能帶來就業機會的減少。那麼就需要一個規則，使更多的人保障生活品質、就業機會的同時，還能更注重節能、環保。

　　如何制定規則，讓這種AI複合體產生合理效率，任何問題都需要回到簡潔、有效上來，建立真正信任、良性機制，真正提供個人及社會的收益。萬物互聯時代，人工智慧、AI複合體提供了這種可信任工具，為這種模式提供了可能。

　　如果說超級帳戶提到的個人APP是個人連接點，對於影響廣泛的互聯網模式來說，可信任要麼需要技術保障，要麼需要一個大的具有互聯網生態體系的公司，或者是新的互聯網生態連接組織形式。

　　AI複合體會產生新的勞動價值衡量，而不是傳統的每個小時或者每個月的工資計算，商品標注價格可能以能源消耗、產生的鏈條、品質組合一起。

　　互聯網時代是一個國際開放的時代，互聯網要與傳統深度融合，傳統也與互聯網接入並進化成AI有機複合體，世界連接的越多，越會產生有效協同效應，並產生共贏社會。

　　迎接價值功能計算，需要重新塑造自己的文化及經營機制，這對大部分企業及互聯網公司來說，既是挑戰也充滿無限的財富機會。

第9章

未來的分散式智慧社區，實驗型社會經濟

9.1 打造功能城市

為了疏解北京「非首都功能」，緩解環境壓力，打造創新動力，2017 年 4 月，雄安新區作為「千年大計」橫空出世！二十一世紀看雄安，這是繼八○年看深圳，九○年代看浦東之後的另一個國家級規劃！

雄安屬於一種循環漸進的社會學實驗，房住不炒，綠色生態，遷移國有企業總部及部分事業單位，建立科技新區，鼓勵教育與醫療協同。

在金融方面：2019 年 1 月 24 日，《中共中央國務院關於支持河北雄安新區全面深化改革和擴大開放的指導意見》對外發佈。文件中支持設立雄安銀行。

為了推動雄安新區的金融資源聚集，雄安新區將設立雄安銀行，加大對雄安新區重大工程項目，和疏解到雄安新區的企業單位支援力度；籌建雄安股權交易所，支持股權眾籌融資等創新業務先行先試。有序推進金融科技領域前沿性研究成果在雄安新區率先落地，建設高標準、高技術含量的雄安金融科技中心。鼓勵銀行業金融機構加強與外部投資機構合作，在雄安新區開展相關業務。支持建立資本市場學院（雄安），培養高素質金融人才。

如果說北京首都是一個國家的大腦，那麼雄安就可以成為心臟地帶，為中國的金融、健康等機制提供動力。雄安新區可以成為中國金融與中國百姓的保障中心。其中，生態保障是首要任務。一個是利用互聯網全程調節中國金融、經濟，平衡國內區域經濟的發展；另一個就是可以在醫療、養老、教育等領域加強研究與實踐，提高水準，使其成為國內學習及互動交流中心。這樣

就會減緩京津冀的城市壓力，同時促進國內各區域內金融、醫療、教育、養老等方面的快速健康發展，也可以創造更多的就業機會。

　　雄安基於未來 5G 互聯網時代，作為功能區域，屬於一種社會學意義上的嘗試，依據不同的地區特點，設置不同的功能區域將會變得越來越重要。

9.2 社會學試驗

中國在過去幾十年改革開放發展過程中，經濟獲得了高速發展，這也是一場社會學的適應與實驗，全球性社會經濟實驗將是未來發展中的一個重要環節。

隨著自動化浪潮的到來，面對機器人搶飯碗的擔憂，UBI（普遍基本收入）作爲社會保障層面的應對方案，也獲得了廣泛支持。

北歐國家芬蘭從 2016 年 12 月到 2018 年 12 月之間，用兩年時間做了一個烏托邦社會試驗。芬蘭政府在國內挑選出兩千名年齡在 25 ～ 58 歲之間的失業人員，並向他們提供每月五百六十歐元（約一萬八千元台幣）的「普遍基本收入」（universal basic income，UBI）。該項資金的發放沒有任何條件，即無論這些失業者是否重新找到工作，他們都會收到付款。相比之下，失業金福利則會因爲就業狀態和收入情況不同而有所變化。

2019 年 2 月 8 日，芬蘭政府公佈的基於 2017 年一年的資料結果顯示，相比於照常接受其他一般福利的對照組而言，實驗組的年度平均工作時長幾乎沒有受到任何提振 —— 前者爲 49.25 天，後者僅提高 0.39 天，達到 49.64 天。

此外，實驗組的人平均年收入爲四千兩百三十歐元，比對照組低了二十一歐元。

結果表明，失業者並不會因爲獲得了這筆收入，而在尋求就業方面得到進一步的激勵。

但同時，本實驗也取得了一個意料之外的研究結果。報告顯示，儘管就業並未得到明顯提振，但 UBI 實驗組的主觀幸福感，較對照組出現了明顯的提升。在對未來生活狀況改善的信

心，以及尋求工作的興趣方面，均超出對照組逾十個百分點。

作為一種「烏托邦」式的理念，該想法最早可追溯到中世紀的歐洲。隨著發達國家陸續結束後工業轉型，就業機會越來越少，這一制度的呼聲越來越強，在多個歐洲國家引起討論。

芬蘭社會保障局（Kela）首席研究員 Minna Ylikanno 在一份聲明中表示，接受UBI 的失業者感到「壓力症狀減輕，集中精力的困難更少，健康問題也更少了。同時，他們對自己的未來更具信心」。

在聯合國 2018 年公佈的幸福指數排名中，芬蘭已經擊敗挪威和丹麥，成為全球幸福指數最高的國家。而令芬蘭人感到幸福的重要原因之一，便是該國優越的社會福利條件，其中包括免費的醫療和教育。

芬蘭衛生與社會事務部部長 Pirkko Mattila 表示，政府目前無意在全芬蘭推行 UBI 制度，但儘管如此，這項實驗是成功的。調查資料可以作為改革現有社會保障制度的參考。

義大利政府也將於今年開始實施「全民基本收入」政策；荷蘭烏德勒支市也在進行一項名為 Weten Wat Werkt 的基本收入研究。

實際上，不同國家都曾經或正在嘗試在有限程度上引進無條件收入，例如肯亞、納米比亞、印度和部分歐洲國家。

在肯亞西部的一個村莊，一場有史以來持續時間最久、覆蓋面最廣的 UBI 試驗正在進行中。在截至2028 年的十二年裡，有來自兩百個農村地區的兩萬名成年人每月將獲得二十二美元的無條件收入。從 2008 年 1 月至 2009 年 12 月，在納米比亞的貧困地區 Otjivero-Omitara，進行了在發展中國家普遍基本收入的第一次重大試驗，所有六十歲以下並已登記居住在該地區的居

民，每月均可無條件獲得一定的收入。

專案宣導者對該試驗的分析顯示：儘管移民數量顯著增加，但貧困率和兒童營養不良率下降，創收活動率和兒童入學率上升。居民的平均收入得到了增長，超過基本收入的 39%。許多接受基本收入的人，都能夠創辦自己的小企業，比如麵包烘焙、製磚和服裝縫製等。

這個試驗也為減少犯罪做出了貢獻。據當地報告，總體犯罪率下降了 42%。

在印度，2020 年到 2011 年間，非政府組織 SEWA 也在中央邦（印度中部的一個省）開展了一次 UBI 試驗。來自九個村莊的六千多名村民，每個月都會固定無條件收到一筆收入，持續時間為十八個月。實驗者發現，與對照組相比，試驗組在一系列指標上出現了改善，包括金融包容性、住房和衛生、營養和飲食、健康、教育等方面。區域性發展的不平衡表現在全球範圍內，有的地區人口膨脹，有的地區荒無人煙。這些兩極化的發展，都不是健康可持續的形勢，相關區域的政府也在採取措施應對。

由於日本東京人口過於龐大，日本政府正在出臺政策獎勵那些離開東京的人。近日，義大利西西里島小鎮桑布卡宣佈，以低於兩美元的價格出售房屋。西西里島另外一個小鎮甘吉，於 2014 年也曾推出過類似計畫，提供了二十個不到兩美元的房屋。早在 2008 年，澳洲新南威爾斯州的小鎮卡姆諾克，就曾決定將房子免費租給願意去住的人。有人的地方才有活力、才有經濟，這是曾經的經濟學實踐，當然，人口過多也會導致過度競爭，世界各國將逐漸學會建立自我適應體系。

9.3 未來的分散式AI生態智慧社區

十幾年後，2032 年一個星期六早上，7 點。

地點：王老吉小鎮。

一個叫李同仁的中年男人被鈴聲叫醒，他懶散地蹬了一下被子。半小時前，他的妻子張阿麗去小鎮森林公園跑步。飯菜已經準備好，小鎮上自動化做飯公司給他們送來昨天晚上點的餐。

李同仁家的房子節能環保，建築美觀度、品質都經過科學驗證，理論上可以使用兩百年。

王老吉小鎮因地制宜，光伏與農業生物供應的能源能夠滿足部分能源需求，很多公司及科學家在努力提高全球生態小鎮的能源自供循環問題。每一次突破，這個小鎮都要自我更新一些技術。

李同仁和張阿麗有兩個孩子，兒子叫李恒瑞，女兒叫李美康。李同仁與張阿麗的雙方父母都居住在附近一個智慧養老社區，他們的父母不時就坐著自動駕駛小汽車過來看他們，偶爾住上幾天。每次都帶來些養老社區提供的綠色蔬菜、水果。

當然王老吉小鎮上了年紀的人，並不都居住在智慧養老社區。有人喜歡居住在小鎮，有人喜歡居住在縣城、省會，有人還因為各種原因住在上海、北京或者國外。

李恒瑞在縣城讀大學。他讀的是清華 AI 智慧專業課程，這是李恒瑞在高中就開始選讀的專業，通過政府支持的 AR 互聯網互動課程來學習。他要完成課程必須有兩年的時間到雄安清華分校集中培訓。李恒瑞的目標是希望畢業之後，去他爸爸所在的公司總部，從事演算法研究，工作地點在雄安或者北京。李恒瑞還可以去歐洲、俄羅斯或者美國，那裡有公司的產業鏈條單位，可

以享受技術與移民普惠待遇。

清華 AI 智慧專業課程，是世界很多名牌大學，幾乎所有大學專家支持參與的課程，很多課程通過網路免費公開，與一些公司合作，幾乎人人可以選修，而且靈活到高中就可以開始學習。但要修完課程拿到畢業證，還需要經過嚴格的程序。

李美康還在讀初中，她的目標是希望成為一名醫生，也可能高中以後學習音樂、美術。

學習將不再是負擔，也不用耗費大量精力去參加課餘輔導培訓。學生們花更多時間用在興趣愛好和提高綜合素質上。因為世界名牌課程、優良的工作不再是費勁的事情。

嘟嘟，被語言智慧型電話鈴聲吵醒的李同仁抓緊起床，來到客廳，點了一下三維投影，看到遠在美國的弟弟李同唐與他對話。他與弟弟討論一些關於中西醫結合的問題，因為觀點不同，偶爾爭吵幾句。他的弟弟李同唐以中醫醫師的身份移民美國，美國逐漸開放可以獲得驗證的中醫治療方案，來替代越來越難以治療的慢性疾病。而生物的發展，讓中醫一些原理獲得科學證明，世界正越來越歡迎中醫，同時中醫與西醫的結合也越來越緊密。中醫與現代醫學只是李同仁的愛好之一，李同仁的實際工作，其實是在小鎮上一家機器加工廠的機器程式師。這家工廠的主要任務，就是為自動化機器生產零部件。李同仁所在的喜樂機器社區總公司，通過互聯網給他們分配任務，他每年工作的時間是兩百天。由於李同仁所在公司超額完成任務，他們今年只需要工作一百五十天。在演算法公司，李同仁與數量龐大的員工一樣，用他的技能換取收入。而它包括醫療、住房、食物在內的一切消費支出，都由喜樂公司承擔，同時他的收入足夠支付家庭子女的消費，且有富餘，他還有一定的股權結構安排。

　　喜樂公司，是一個超級演算法公司，口號是兩百天工作，就業、住房、交通、飲食、醫療、養老全保障。

　　張阿麗是一名小學教師，她的業餘研究是反烏托邦模型，一直對喜樂公司有所懷疑。教育優化計畫，不僅降低了老師的強度，更給學生帶來更愉快的體驗。但小學、幼稚園的教育，老師的配比人員很多。教育職業就是這樣，如果融入其中充滿樂趣，有時候也會遭遇家長的苛責。還好張阿麗有足夠的耐心。

　　李同仁與張阿麗最近有些不愉快，他們在為漫長的休假計畫爭論。李同仁事業心很強，休閒太長時間對他來說是一種折磨，他準備利用休假時間再做一些事 —— 和朋友去海上搞風電。而張阿麗、李美康更注重浪漫主義情調，她們喜歡周遊世界，希望除了要抓緊完成學業的兒子之外，全家去加拿大渡過幾年置換工作時間，那樣就可以順便旅遊。喜樂演算法公司有個專案，可以與加拿大一個小鎮家庭置換幾年。

　　喜樂演算法公司，是一個具有全球性質的公司，股東也幾乎遍佈全球。在過去激烈全球商業競爭中，喜樂公司創造了不少奇蹟，員工越來越多。其獨特的模式受到越來越多人的歡迎，這給喜樂公司的很多股東帶來億萬財富。

　　AI智慧本應該讓人類生活更好，但現實會導致更多人出現憂慮，擔心自己可能被智慧世界切割分層，永遠沒有翻身餘地。

　　喜樂公司的名字源於一個叫喜樂平安的網友。喜樂平安在一家私募工作，同時熱愛思考，認為社會與經濟學需要重新塑造，他研究社會生物學，同時他召集為數不多的一些各類愛好者討論問題。

　　就連華為、中興這樣的高科技企業，都不能保證穩定的生活，人們越來越擔心科技與壟斷導致人們失業和貧窮。而喜樂公

司恰恰是做到幾乎保障每個人的就業機會，讓科技爲社會及個人服務，而不是掠奪大眾的生存機會，它化繁爲簡，讓個人通過簡單的參與，提高生活品質，帶來生活樂趣。

　　喜樂演算法公司，屬於人類生態社會學與地球資源結合的產物，它爭取減少能源、資源消耗的同時，提高人們的生活品質。利用社會主義保障體系與資本主義激發體系的結合，提供保障但激勵人們創造財富。

9.4 未來的AI智慧老年生活社區

李同仁與張阿麗的父母居住在不遠的、一個叫馬尚的社區。這裡環境優美，面積大約有兩三千畝，並配置一千畝左右的農業土地。在這裡，擁有 5G、6G 系統，數位化農業、智慧住房、智慧醫療、智慧大腦系統、智慧交通成為標準配置。

人們可以從事綠色安全農業、輕工、醫療、醫藥工作。即使坐著輪椅，在家裡也能工作，平均一年工作一百天左右以內，每天工作不超過六個小時。能夠通過工作賺到合理的工資，甚至開辦輕工、醫藥、製藥技術含量的企業能夠獲得更好的報酬。基本能夠滿足社區居民的日常生活需求。

智慧養老社區住房按照老年人人性化設計，住房面積可以不大，但智慧化程度非常高。很多不方便的人，可以通過智慧輪椅、智慧輔助系統自由出入住房、各個社區的公共區域及工作場所。整個社區為居民的方便與舒適度著想，人們在公共社區裡娛樂、鍛煉、參加共同愛好等都很方便。

在這裡，行動不方便的老年人可以通過遠端操作種植蔬菜、糧食，或者從事其他工作，也可以親臨現場去參與工作。互聯網、大數據、智慧農業、智慧機械設備、智慧自動駕駛交通工具這些標配也提供了方便。

這裡的產品屬於免稅特區，國家提供公共養老資金支援社區建設、設備採購、其他資金支援。同時這裡富餘的農業產品、輕工業產品、醫藥產品可以通過互聯網商業系統對接附近的消費群體，甚至全國及世界。

在這裡，人們只需適度勞動，一方面保持精神狀態與身體健康，提高生活品質與趣味，一方面通過方便的智慧自助系統生

產產品，降低了社會養老負擔。

　　智慧養老社區的建立，一方面可以減輕個人、子女、醫療健康等生活負擔，提高生活品質，另一方面可以通過適度生產，降低社會成本。智慧養老社區的建立，一切為了老年人的生活便利、醫療便利性而設計，在交通、住房、商店等各個方面提供各種便利性。

　　智慧養老社區在食品、醫療、老年教育方面，為社區居民提供交流的平臺，讓居民有事可做的同時，也讓居民在一些慢性疾病方面獲取到公共健康的知識。

9.5 養老社區的未來全球合作

日本、歐洲早已進入老齡化社會，中國也已步入老齡化社會，我所在的瀋陽已經出現了大量老人對傳統居住不便利的情況，美國也即將進入老齡化社會。解決養老問題正在成為全球性的問題。歐美和日本有很多優勢的技術資源，雖然全球存在國家之間的利益衝突，但在養老問題上應該很容易形成達成共識。

同時，試點可行後，智慧養老社區未來將在全國範圍內推廣。隨著社區之間的綠色食品、居住、社區經驗、醫藥、醫療、輕工業品的高品質商品及經驗交流，老年人不再是國家的負擔，他們在社區中找到自己的生活樂趣，甚至是事業，煥發出第二次的青春。

在未來，中國的不同省份之間、世界不同國家之間，都可以形成養老社區的互動。比如夏天，氣候炎熱的地區，可以去夏天涼爽的地區生活、工作一段時間。而到了冬天，天氣寒冷地區的人們，可以到氣候溫暖的地區生活、工作一段時間。這種交流不僅僅環保、節能，而且可以順便旅遊。國家之間這種交流，對於國家之間的關係也具有和平、生態、生活意義。

老年生活不再是無所事事，他們告別圈養式養老，擁有高品質的生活、輕鬆的工作。成就健康的同時，他們將會更多地享受生活的樂趣。這種新的社會生態也為全球合作提供有益的探索。

9.6 柳葉刀：亟待建立新的全球食品健康體系框架公約

著名科學期刊《柳葉刀》分別於 2019 年 1 月 17 日、28 日，連續發佈兩篇報告，呼籲世界重視全球食物體系的錯誤，並制定《食品糧食體系框架公約》（Framework Convention on Food Systems, FCFS）。

文章稱：目前，有超過三十億人陷入營養失調的狀態（包括營養不良和營養過剩），糧食生產正在超出地球承載極限，並造成氣候變化。生物多樣性正在喪失，過量使用氮磷肥料，導致土壤與水持續受到污染，我們需要為建立健康、公平和可持續的食物糧食體系而採取緊急行動。

《柳葉刀》主編 Richard Horton 博士表示：「大型國際食品和飲料公司注重短期利潤最大化，其主流商業模式導致高收入國家和中低收入國家，過度消費營養匱乏的食物和飲料，並且這一現象在中低收入國家越來越普遍。在一些國家，肥胖和發育遲緩兩大問題，在同一兒童群體中的同時存在是一個緊急預警信號，而且氣候變化會加劇這兩種流行病的惡化。解決『全球共疫』急需我們反思自己的飲食方式、生活方式、消費方式和交通方式，包括徹底轉變到一個能適應我們今天所面臨的未來挑戰的、可持續的和有益於健康的商業模式。」

據新加坡《聯合早報》報導，世界各國有二十億人口超重，2015 年因肥胖而引發疾病間接導致死亡的人數有四百萬；又據外媒報導，發育遲緩和消瘦正在影響全球1.55億和 5200 萬兒童；聯合國發佈的《2018 年可持續發展目標報告》，報告顯示全球營養不良人口，從 2015 年的 7.77 億，升至 2016 年的

8.15 億，占全球人口的比例從10.6% 升至 11%。

糧食和食品生產是導致氣候變化最大的影響因素之一。農業的溫室氣體排放量，占所有溫室氣體排放量的15% ～ 23%，與交通運輸造成的溫室氣體排放量相當。如果將土地轉換、食品加工和廢棄物考慮在內，這一比例可能高達29%。預計未來治理氣候變化的經濟成本占全球GDP 的5% ～ 10%。低收入國家的成本可能會超過其 GDP 的 10%。

預計到 2050 年，全球總人口將達到一百億，可持續的食物體系與健康膳食，已經成為迫在眉睫的挑戰。

食物的可持續性：自二十世紀五〇年代中期以來，環境變化的速度和規模呈指數級增長，而糧食生產是造成環境退化的最大原因，生物多樣性喪失、土地和水資源利用以及氮和磷循環等方面的承受達到極限。然而，同時也必須加強糧食的可持續生產，以滿足全球人口不斷增長帶來的龐大的糧食需求。

為了應對這一挑戰，膳食的改變必須與改善糧食生產和減少食物浪費相結合。未來的發展應該增加堅果、水果、蔬菜和豆類的全球消耗量。這種膳食結構的廣泛採用，可以改善人們對大多數營養素的吸收。

（備註：此前很多科學研究表明，吃全穀物、蔬菜、水果、堅果、豆類這些含有膳食纖維的食物的益處，包括改善腸道健康與代謝，降低糖尿病、心血管疾病風險等。膳食纖維有利於維持腸道菌群健康，可增強腸道屏障功能，維持免疫系統健康，對炎性腸病、哮喘、肥胖和糖尿病等免疫和炎症相關疾病均有益。美國斯坦福大學醫學院的 Erica D. Sonnenburg 等人研究發現，飲食中長期缺乏膳食纖維，可對腸道微生物產生持續性的不良影響，即使用飲食干預也難以奏效。）

　　《柳葉刀》報告作者強調，這需要前所未有的全球協同合作和承諾，同時還應立即付諸行動做出改變。例如重新調整農業重點，種植各種營養豐富的農作物，以及加強對土地和海洋使用的管理。

　　爲建立一個可持續的食物體系，既需要改善膳食制度，也需要通過加強農業和技術變革來改善糧食生產，還需要減少生產過程中和消費時的食物浪費。三者相輔相成，緊密配合，缺少任何一環都不可能達到目的。

　　報告中提出了五項調整人們膳食結構和生產方式的戰略：

　　1. 需要制定鼓勵人們選擇健康膳食的政策；

　　2. 需要重新聚焦農業，從生產高產出作物，轉變到生產多種營養豐富的作物；

　　3. 持續加強農業發展，同時須統籌當地條件，有助於實行因地制宜的農業生產方式，使之持續生產優質作物；

　　4. 對土地和海洋的使用進行有效管理，保護自然生態系統並確保糧食的持續供給；

　　5. 食物垃圾至少減半。

　　《柳葉刀》主編 Richard Horton 博士說：「營養失調是引起疾病的關鍵驅動因數和危險因素。然而，這是一個全球尚未解決的問題，其事關每一個人類個體，但又絕非一己之力可解決。」

　　他繼續說：「本報告所呼籲的轉變不是膚淺的或簡單的，而是需要把重點放在複雜的體系、激勵措施和管理條例上，同時讓社區和各級政府在重新定義我們膳食的過程中，也起到一定作用。答案就在我們與大自然的聯繫中，如果我們的膳食方式既有益於我們的星球，也有益於我們的身體，那麼地球資源的生態平衡就會得到恢復。正在消失的大自然是人類和星球生存的關

鍵。」

2019 年 4 月 3 日，聯合國人居署與騰訊在紐約聯合國總部共同舉辦主題研討會，探討地球所面臨的最基礎的挑戰，以及如何利用人工智慧（AI）等新興技術提供解決方案，創新高效地實現可持續發展目標。

聯合國人居署執行主任 Maimunah Mohd Sharif 表示：「世界五分之一的人口正居住在嚴重缺水地區，而未來城市對於食物、能源、水這些基礎資源的需求更是前所未有的。我們需要鼓勵科技創新來解決未來城市所面臨的挑戰。聯合國人居署希望把國家和城市的管理者、國際組織、科技企業等不同領域的夥伴聯合起來，讓創新的想法成為現實，共同為城市的可持續發展提供可行的解決方案，實現真正的城市變革。」

騰訊首席探索官 David Wallerstein（網大為） 在 2018 年騰訊 WE 大會上就曾率先提出，騰訊將打造「會救命的 AI」，並利用 AI 技術解決地球級挑戰：「科技的發展必須用於解決地球所面臨的最大挑戰。我把它稱之為 FEW（Food, Energy, Water），也就是食物、能源和水資源。這些問題是人類未來需要面對的最重要、最基礎的問題。」

在研討會上，來自亞洲、北美、歐洲的科技初創企業代表，介紹了如何利用新技術，為地球級挑戰提供分析和決策支援。其中，由騰訊領投的以色列科技公司Phytech，開發出一種針對農作物的物聯網技術，通過在農作物周邊安裝感測器，記錄農作物生長資料和氣候、土壤等環境資料，並在雲端進行匯總分析，從而為種植戶提供可操作建議。資料顯示，該系統平均節約 20% 的水資源，提高 20% 的生產率。目前，以色列已有約 60% 的番茄種植戶和40% 的玉米種植戶使用這一系統。

「人工智慧應該開始為大自然思考，而要解決這些地球所面臨的重要問題，需要建立新一代大自然類比系統，讓人工智慧為現實世界更高效地做出最優的決策。」騰訊公司副總裁、騰訊 AI Lab 負責人姚星介紹了騰訊 AI 的能力，以及面對水、食物、能源等挑戰的戰略思考，「在食物方面，人工智慧分析與環境溫度、降雨量、土壤鹽分、營養、病蟲害、商品價格等相關資料，可以提升農作物產量，並幫助農業從業者合理規劃生產種植；在能源方面，人工智慧可以預測能源需求，幫助調度能源供應，協調清潔能源生產等；在水資源方面，人工智慧可以優化生產和家庭用水、預測水資源供應以及監控水質等。」

楊玉峰，亞洲開發銀行高級能源政策諮詢專家：人工智慧正在深化全球糧食、能源、水的紐帶關係，並正在導致傳統農業發生重大變革。首先，人工智慧和互聯網技術等數位技術的大規模使用，在進一步提高傳統農業效率的同時，正在為農業及其相關產業，如食品、營養、健康、養老等提供精準服務；其次，人工智慧和互聯網技術正在助力城鎮有機生態農業崛起，城鎮有機生態農業必將成為未來城鎮的新業態，在做到充分利用有機廢物、有機廢水、節能、節水的條件下，還可以解決一部分城鎮居民對有機蔬菜和水果的需求。

蔡雄山，騰訊研究院專家研究員：技術創新與進步，尤其 AI 的應用，將助力 FEW 問題的解決，科學技術是第一生產力，有無限的想像空間。同時我們不可忽視的是，制度建設也是生產力。在人工智慧時代，如何制定政策促進創新，是國際社會需要考慮的問題。當前人工智慧技術發展迅速，很大程度都依賴於資

料，資料是人工智慧時代的石油和天然氣，但目前資料權屬、資料跨境流動、資料保護等規則仍在探討之中。總體而言，新經濟、新技術帶來新挑戰，呼喚新規則，也帶來新希望。

第四部分

全球數位化治理與共生經濟

在中美貿易衝突，全球數位化時代，世界面臨著幾個問題：

1，如何解決互聯網對個人隱私侵犯。

2，全球數位化治理問題，在資料權利面前，個人，公司，國家之間如何平衡。

3，人工智慧的面臨的倫理及界限問題。

4，數位經濟時代是否能化解傳統經濟學的固有矛盾。

5，中美衝突，是否會導致國際貿易分流，演化出不同科學技術與貿易路線，數位化經濟是否能塑造新的貿易，智慧財產權交易模式。

6，隨著氣候變暖人類與自然環境矛盾，是否能夠形成全球共識，甚至有新的社會經濟學來替代傳統社會經濟的理論。

這本書暫時無法給出全部的答案，呈現出部分問題可以引發思考。

在華為發佈的面向2025年十大趨勢中，其中涉及到全球數位化治理與共生經濟。這部分主要內容就是全球數位化治理與共生經濟模型。

第10章

隱私權，全球數位財富規則的重塑

　　互聯網對個人隱私的嚴重侵犯，歐盟對谷歌的巨額罰單，全球範圍內的跨國超級公司對個人資料的掌控，個人、公司、國家之間，一場資料權利的博弈正在上演。而每一次的互聯網升級，都會有超級企業破產、衰敗，都有新的企業適應、崛起。

　　人工智慧發展，凸顯出對個人從音訊到圖像、視頻的以假亂眞的地步，如何避免人工智慧科技對個人、社會造成危害，如何設立邊界，這將是未來一個長期討論的問題。

10.1 全球數位監控風暴

除了中國加大APP互聯網對個人隱私的侵權監督，近兩年來，世界許多國家及地區都開始對互聯網企業進行約束。一方面是由於互聯網企業對個人隱私的侵犯、資料潛力的利用及濫用、訊息騷擾及利益搜索引導問題，一方面是由於大企業存在壟斷、阻止新企業的創新。還有就是各個互聯網巨頭對中小企業、傳統企業的剝削及壓榨。

在歐洲，2019年3月21日，因為涉嫌線上廣告領域的壟斷，歐盟對谷歌處以14.9億歐元（約合新台幣485億元）的巨額罰款罰單。這是2017年以來，歐盟對谷歌開出的第三張罰單。三張罰單的總金額已超過80億歐元。2018年7月，歐盟以 Google 違反反壟斷法為由，對其處高達43.4億歐元（50億美元）的罰款。Google 已提起上訴，並宣佈將改變手機作業系統 Android 的許可政策，要求在歐盟銷售的 Android 設備製造商，如果要使用 Google 開發的移動程式，必須支付額外的費用。

與蘋果公司手機及移動設備的作業系統不同，谷歌的手機及移動設備——安卓 Android 作業系統向消費者和生產企業免費使用，但需要捆綁谷歌搜索等軟體。谷歌正是利用其強大的搜索能力與幾乎壟斷的地位，獲得收益頗豐的廣告收益。使用谷歌安卓 Android 作業系統的手機上，一般需要預裝谷歌移動服務（GMS），其內含Google 一些程式及服務，比如：Google Play、Google 搜索、Chrome、YouTube、Gmail、Google 地圖、Google 相冊、Google 雲端硬碟、Google Play 音樂和Google Duo 等。

而歐盟指控谷歌壟斷的理由是，Google 強迫使用其作業系

統的製造商安裝 Google 搜索與 Chrome 瀏覽器，並把 Google 搜索設為默認搜尋引擎；強制規定安裝 GMS 的製造商，不得使用未經 Goolge 授權的 Android 版本（Android 分支）。

對此 2018 年，谷歌的回應則是：一方面，未來歐洲經濟區 Android 製造商也可以通過 Android 分支設備，分銷谷歌移動應用程式；另外需要授權安裝 Google 移動程式的歐洲經濟區設備製造商，可以不安裝 Google 搜索或 Chrome 瀏覽器，谷歌將宣佈向歐洲經濟區的作業系統收取費用，並為 Google 搜索和 Chrome 提供單獨的授權。

2019 年 4 月 7 日新浪財經消息，歐盟反壟斷機構將於10月前對亞馬遜啟動全面調查，歐盟委員會反競爭專員 Margrethe Vestager 向媒體表示，歐盟可能就亞馬遜的資料操作行為，在未來幾個月內啟動全面調查。並表示調查已進入「高級」階段。她說：「很多企業都花了大量時間和精力給我們提供資料，以便回答我們的問題。因此，我們非常仔細地討論這個問題。但是，正如我所說的那樣，我們已經取得了進展，我希望能在我任期結束前完成第一階段的工作。」Margrethe Vestager 的任期將於 10 月份結束，這意味著在 10 月份之前，歐盟就可能啟動對對亞馬遜公司的全面調查。在 Vestager 發言之後，亞馬遜為了避嫌，很快就在自家官網上移除了一些最顯眼的自有品牌產品廣告。在美國，有關加強監管甚至拆分亞馬遜和科技巨頭谷歌的討論已經成為熱點。

2019年3月初，美國民主黨總統候選人伊莉莎白・沃倫（Elizabeth Warren）一篇帖文，受到廣泛關注與討論。沃倫認為，亞馬遜（以及谷歌和 Facebook）已經積累足夠巨大的力量，並主張對科技行業進行結構性改革。

新浪科技訊：北京時間 2019年3月19日，據美國財經媒體 CNBC 報導，密西西比檢察長吉姆·胡德（Jim Hood）表示，因為谷歌掌握有「大量」資料，要對谷歌發起類似二十世紀九〇年代針對微軟的類似反壟斷訴訟。胡德希望大型科技公司在處理使用者資料時，可以採取類似於歐盟資料政策的最佳慣例。胡德說：「根據消費者保護法，我們檢察長有權對谷歌發起訴訟並質疑他們的隱私慣例。未來某一天，最終審判終將到來，要麼在國會，要麼在法庭上。這將是一起多方面的訴訟，希望我們可以與他們達成一定的協議，爭取和解。」

胡德還提到了密西西比州在 2017 年，針對谷歌挖掘公立學校學生資料的未決訴訟。他認為，谷歌對學生進行剖析以獲得競爭性廣告優勢。除了胡德，還有幾名州檢察長在接受《華盛頓郵報》採訪時，也提到他們有意向對 Facebook、谷歌和其他科技巨頭採取行動。

2019年9月10日，德克薩斯州總檢察官肯·帕克斯頓（Ken Paxton）週一宣佈，美國的五十名總檢察官正在參與對谷歌涉嫌從事反壟斷行為的調查。帕克斯頓召開新聞發佈會稱，谷歌在廣告市場和消費者資料使用方面，佔據著主導地位。

「當不再有自由市場或競爭時，即使某些東西被宣傳為免費的，其價格也會被抬高，從而損害消費者的利益。」共和黨人、佛羅里達州總檢察官阿什利·穆迪（Ashley Moody）說道。「如果我們越來越多地提供隱私訊息，那麼那些東西真的還是免費的嗎？如果線上廣告由於被一家公司控制而導致其價格上漲，那麼真的還會有免費的東西嗎？」

亞利桑那州檢察長馬克·布爾諾維奇（Mark Brnovich）在接受採訪時，將這些公司比作舊時的壟斷企業，認為這些企業控

制著管道，就有責任保護這些訊息以及其他較小的公司。

二十世紀九〇年代末期，微軟因為涉嫌壟斷，美國聯邦政府曾經對其發起起訴，微軟曾經把 Windows 98 作業系統和 Internet Explorer 瀏覽器捆綁在一起，限制瀏覽器競爭對手的發展，最後微軟通過降低自己網頁瀏覽器的優勢地位，達成妥協。

谷歌在發送給 CNBC 的郵件聲明中表示：「隱私和安全根植於公司的一切產品中，我們將繼續與州檢察長就政策問題，進行建設性討論。」

2018 年 3 月，社交媒體巨頭 Facebook 因八千七百萬使用者資料洩露一事，引起全球輿論關注。根據美英媒體曝光，英國劍橋分析公司曾利用 Facebook 平臺的一款程式，獲取 Facebook 大量使用者隱私資料，用於有針對性地向選民投放政治廣告，涉嫌干預 2016 年美國總統選舉及英國「脫歐公投」等事件。除此之外，洲際酒店集團旗下超過一千家酒店發生支付卡訊息洩露，全球十一個國家的四十一家凱悅酒店支付系統被駭客入侵等，隨著國內外近年來爆發大量個人資料及個人訊息洩密事件被揭露，個人訊息安全的問題正形成一種全球關注的重點。

2019 年 7 月 12 日《紐約時報》報導，美國聯邦貿易委員會（FTC）已批准對臉書（Facebook）處以約五十億美元的罰款，因「劍橋分析」（Cambridge Analytica）的公司獲得其社交網站使用者的個人訊息。這是迄今為止美國聯邦政府對科技公司開出的最高罰單，不過，仍有批判人士對此表示不滿，認為這只是一次「輕微的懲罰」，甚至諷刺將其稱為提前送給臉書公司的「聖誕禮物」。

為了應對危機，2019 年 3 月 6 日，祖克伯格宣佈了 Facebook 的下一個發展重點。除了在其公共社交網路上銷售定向廣告這項

現有的盈利業務之外，Facebook 正在圍繞WhatsApp、Instagram 和 Messenger 建立一個「專注隱私安全的平臺」。祖克伯格說：「Facebook 將整合這三個應用，並為三方之間發送的消息提供端到端加密，就連 Facebook 自己也無法讀取。」雖然他沒有明確說明，但這個大平臺將採用的商業模式顯而易見。祖克伯格希望各類企業都能利用 Facebook 的消息傳遞網路來獲取服務並付款，Facebook 則從中抽成。

2012 年至 2014 年，Facebook 收購了兩個快速增長的通信應用 WhatsApp 和 Instagram。隨著智慧手機的普及，Facebook 市值也從 2012 年底的大約六百億美元，一路飆升到現在的五千億美元。

因為它們是加密的，所以 Facebook 無法看到內容。僅僅是中繼資料，也就是說，誰和誰交談、什麼時間、多長時間，Facebook 仍是知道的，應用軟體仍然允許Facebook 精確地投放廣告，這意味著它的廣告模式將仍然有效。

端對端加密也將使 Facebook 的業務運行成本更低。因為從數學上說，加密的通信是不可能的，所以公司將有藉口為運行在應用程式中的內容承擔更少的責任，從而限制其適度的成本。

Facebook 在印度的計畫為最常用的即時通信應用WhatsApp 上，建立了一個支付系統，該系統正在等待監管機構的批准。有媒體分析認為 Facebook 這些改革，因為便利性可能會吸引更多的用戶。如果它能夠做出改變，Facebook 在消息傳遞方面的統治地位可能會增加。更加一體化的 Facebook 帶來了新的用戶利益，這可能會讓監管機構更難主張應該拆分祖克伯格的公司。

雖然臉書（Facebook）此前被罰款五十億美元，但在各州總檢察官對谷歌發起此次調查之際，Facebook也同樣面臨著由紐

約州總檢察官萊蒂夏・詹姆斯（Letitia James）領導的反壟斷調查，該調查的參與者包括來自七個州的總檢察官以及哥倫比亞特區的總檢察官。華盛頓特區總檢察官、民主黨人卡爾・拉辛（Karl Racine）在週一召開的新聞發佈會上表示，這兩項調查是否會「協同擴張還有待觀察」。

10.2 歐盟《通用資料保護條例》（GDPR）

經過幾年醞釀，2018年5月25日，歐盟《通用資料保護條例》（GDPR）正式生效。這項法律涉及訪問權、被遺忘權、資料可攜帶權、拒絕權和自主絕不受自動化決策權等資料安全問題。

GDPR 一方面強化了個人資料的範圍，一方面加強了個人資料保護及使用權力。

GDPR 擴大和重新定義了個人資料的保護範圍：個人資料是指任何指向一個已識別或可識別的自然人（「資料主體」）的訊息。該可識別的自然人能夠被直接或間接地識別，尤其是通過參照諸如姓名、身份證號碼、定位資料、線上身份識別這類標識，或者是通過參照針對該自然人一個或多個，如物理、生理、遺傳、心理、經濟、文化或社會身份的要素。

對揭示種族或民族出身、政治觀點、宗教或哲學信仰，工會成員的個人資料，以及以唯一識別自然人為目的的基因資料、生物特徵資料，健康、自然人的性生活或性取向的資料的處理應當被禁止。

適用於 GDPR 的個人資料，包括姓名、身份證號碼、電話號碼、導航定位資料、線上身份識別，以及個人敏感性資料，包括種族、性別、性取向、政治傾向、宗教信仰、「基因資料」、「生物識別資料」，比如人臉圖像或指紋識別資料，「有關健康的資料」，比如醫療狀況、犯罪記錄。

對於互聯網企業及控制者來說，應當採用標準化的圖示，以簡潔明瞭、清晰可視、曉暢易讀的方式向資料主體提供訊息。這些圖示以電子方式呈現，這樣就可以以機讀的方式進行訊息的

讀取工作。

GDPR 增強了個人對資料的控制權：明確了特殊類型數據的禁用原則。包括個人對資料的知情權、訪問權、限制處理權、拒絕權、可攜帶權、被遺忘權等規定。其中可攜帶權和被遺忘權是兩項創新性的權利。

被遺忘權也稱刪除權。根據 GDPR 的規定，該權利是指用戶有權要求互聯網企業及使用個人資料企業，刪除個人資料的權利。一旦使用者要求刪除資料時，收集個人資料的企業，還有義務告知其他也在利用該資料的企業使用者。另外如果基於公益的目的或者基於法律規定不宜刪除的，用戶要求刪除的請求並不會被滿足。

GDPR 強調資料主體的資料可攜權：數據可攜權表示資料主體（個人或者企業等），有權將一個資料控制者的個人資料，轉移到另一個資料控制主體中。比如推特，Facebook 的用戶有權把其帳號中的文字、照片以及其他資料轉移到其他社交平臺上。該權利還包括雲計算、手機應用等自動資料處理系統。資料可攜權本質上允許用戶做出多種選擇，甚至把能獲得收益的權益提供給多家企業，在擴大自己權益的同時，也容易讓新資料企業獲得機會。

針對互聯網等企業用戶畫像的限制：用戶畫像不等於簡單地收集訊息，而是通過個人身份、工作、位址訊息、購物、搜索等習慣，綜合運算的結果。掌握了大量個人資料的互聯網企業，可以借助大數據利用人工智慧完成使用者畫像，並實現自主決策。當然，用戶行使反對權後，就應當停止用戶畫像。針對機構依據使用者畫像及行銷為目的的資料利用，使用者個人同樣有權提出反對。這對於企業來說，需要對使用者解釋其人工智慧和其

他演算法的目的性，AI 演算法的「黑箱」需要在一定程度上透明化。個人資料因為直接行銷的目的被處理的，資料主體應當有權利拒絕，在任何時間因為這種商業目的的處理，關係到他 / 她的個人資料，這種商業目的包括分析達到有關這種直接行銷的程度。

「**資料保護專員**」：GDPR 還對企業的人力提出了建議，不管是否為歐盟成員國的企業，如果在歐盟區的雇員超過了兩百五十人，可以在企業指派資料保護人員的情況下，企業團體可以任命一個獨立的資料保護人員。歐盟二十八個成員國均已設立監管機構——資料保護局，這個機構將對各國 GDPR 的執行狀況進行監督。

政府也受到 GDPR 的約束：政府作為處理歐盟地區個人資料的「公共當局」，屬於 GDPR 規範的行為主體之一。GDPR 的主要目標中，也包括限制政府對個人資料的搜集和使用。

GDPR 引起了世界各國及輿論的熱點關注，並頻頻出現在互聯網資料保護方面的討論之中，代表了全球在個人資料，及企業資料使用規範立法的潮流趨勢。美國也在向歐盟靠攏。在 Facebook CEO 祖克伯格現身美國國會，接受資料洩露醜聞事件質詢時，美國民主黨領袖Frank Pallone 就曾建議，「我們需要全面的隱私和資料安全立法」，作為在社交網路上出現外國干擾時，「保護我們的民主」的步驟，國會議員們也反復提及 GDPR。

電信與互聯網分析師馬繼華認為，就如歐盟綠色環保標準逐漸被其他國家接受並推廣一樣，GDPR 的出臺也會為世界其他國家和地區提供參考和借鑒。如我國今年 5 月 1 日實施的推薦性國家標準《個人訊息安全規範》，就參照了 GDPR，比如其中

「資料控制者」的概念。

據歐盟的消息，GDPR 的全球示範效應正在顯現。日本、韓國、印度和泰國已著手從該條例中吸取靈感，來構建自己的互聯網資料保護規範。

10.3 人工智慧的倫理問題

科學家們有個令人震驚的發現，在安第斯山脈一個偏遠且未被開發過的山谷裡，生活著一群獨角獸。更加讓人訝異的是，這些獨角獸說著完美的英文。

這些生物長著獨特的角，科學家們就以此為它們命名，叫 Ovid's Unicorn。長著四隻腳的銀白色生物，在這之前並不為科學界所知。

現在，過了近兩個世紀，這個奇異的現象到底是怎麼發現的，謎底終於解開了。

來自拉巴斯大學的進化生物學教授 Jorge Pérez 和他的幾個小夥伴，在探索安第斯山脈的時候發現了一個小山谷，沒有其他動物，也沒有人類。

Pérez 注意到，這山谷看上去曾是個噴泉的所在，旁邊是兩座石峰，上面有銀白的雪。

Pérez 認為，這些獨角獸起源於阿根廷。在那裡，人們相信這些動物是一個消失種族的後裔，在人類到達之前，這個種族就生活在那裡。

雖然，這些生物的起源還不清楚，但有些人相信，它們是一個人類和一個獨角獸相交而誕生的，那時人類文明還不存在。Pérez 說：「在南美洲，這樣的事情是很常見的。」

然而，Pérez 也指出，要確認它們是不是那個消失種族的後裔，DNA 檢測可能是唯一的方法。「不過，它們看上去能用英語交流，我相信這也是一種進化的信號，或者至少也是社會組織的一種變化。」他說。

這是一個新聞故事，開頭的第一段屬於人類，而後面講述

故事的是人工智慧。這是由 OpenAI 發佈的名叫GPT-2 的語言 AI 寫手編製的新聞故事，整個模型包含十五億個參數。

這個 AI 不僅能寫文章，而且無須針對性訓練，就能橫掃各種特定領域的語言建模任務，還具備閱讀理解、問答、生成文章摘要、翻譯等等能力。因為假新聞實在編得太真實，OpenAI 都不敢放出完整模型。

研究者們還發現，GPT-2 竟然還學了好幾種程式設計語言。紐約大學工程學院的助理教授 Brendan Dolan- Gavitt 發現，GPT-2 在學會寫英文的同時，還悄悄學了一些 JS指令碼語言（目前還不太成熟）。

AI 正在創造一個獨特的虛擬（虛假）訊息世界。

除了編寫故事，AI 還能合成聲音，替換視頻中人的臉，還能隨機生成現實中不存在的人臉圖像。

2019 年 2 月，有人在一個著名武俠劇裡，把一個明星人臉圖像替換了視頻中的演員，真假讓人無法分辨。

這引起了網友們的討論，有人認為有侵權的嫌疑，也有對技術被濫用表示了恐慌。

而就在幾天前，一個叫 ThisPersonDoesNotExist. com 網站，因為虛擬人臉圖像而引起媒體及網友的關注。這個網站的創建者，是一名Uber 的軟體工程師 Philip Wang，他利用英偉達去年發表的研究，基於大規模真實資料訓練，來創建無窮盡的假肖像圖集，然後使用生成對抗網路（GAN）來製造出新的圖像。每次刷新網站時，只需大約兩秒，網路就可從 512 維向量中從頭開始生成新的人臉圖像。

英偉達的資料庫中還包含了貓、汽車和臥室的預訓練模型。同時，研究人員還嘗試生成了動漫人物、字體以及塗鴉。

繼假貓、假人生成網站後，今天一個假的租房網站在 Reddit 火了。從房間圖片、文字描述到發佈人頭像全由電腦自動生成，雖然目前圖像品質和文字邏輯還嫌粗糙，但無疑再次展示了生成模型的無限可能。

2018 年 1 月之前，英偉達就在芬蘭的一所實驗室裡建立了一個系統，通過分析成千上萬的（真實的）名人照片來創造類似的新圖像。該系統還能生成動物、植物、公交、自行車等常見物體的逼真圖像。

像谷歌和 Facebook 這樣的公司及許多人工智慧實驗室，通過分析海量資料來學習任務的演算法，已經建立了能夠識別人臉和普通物體的系統。雖然暫時英偉達的圖像，無法與頂級相機的圖像解析度相匹配，還可能存在類比漏洞，但這些圖像的清晰度，已經很容易把大部分人欺騙。

2016年3月15日，谷歌人工智能「阿爾法狗」AlphaGo 打敗圍棋世界冠軍李世石。2017年5月27日，AlphaGo 打敗圍棋世界冠軍、中國天才圍棋選手柯潔。

2017 年 10 月 18 日「阿爾法狗」升級版的 AlphaGo Zero 通過自學三天，完成了近五百萬盤的自我博弈後，已經可以超越人類，並擊敗了此前所有版本的 AlphaGo。AlphaGo Zero 系統一開始沒有圍棋技能，只是通過神經網路強大的搜索演算法進行自我博弈。隨著自我博弈的訓練增加，神經網路逐漸升級並提升預測下一步的能力，最終贏得比賽。更厲害的是，隨著訓練的深入，AlphaGo Zero 還獨立發現了新的遊戲規則，並走出了新策略，為圍棋帶來了新的見解。

AI 系統可以語音合成播音，逼真模仿電視臺主持人，生成假人臉圖片，生成假新聞故事，製作音樂，生成假的房屋及家居

照片，AI 如果學會程式設計語言，並通過自己方式交流進化，它有可能會創造一個屬於 AI 自己的「訊息世界」。

霍金曾警告過人類：「人工智慧的全面發展，將宣告人類的滅亡。」

人們擔心人工智慧奇點的到來，讓人在繁華背後充滿焦慮： 生產過剩是否導致貧窮；工業自動化導致失業；AI 機器智慧導致人類滅亡。

未來是否充滿善意，人類是否能夠掌握自己的命運，人類是否與自然生態環境互相適應，工業化、高科技是否帶給人們舒服的生活，而不是掠奪你的生活自主權、就業與生存權利⋯⋯這些都是未知數。

第11章

數位權利趨勢及共生經濟原理

　　人工智慧帶來超級生產力，大部分人可能面臨新的就業危機，傳統的經濟學只有修改，才能適應未來數位經濟時代的要求，而全場景數位化涉及到整個經濟領域中的理論重新塑造問題，比如個人隱私倫理、互聯網公司資料權利、個體參與權等。

11.1個人隱私的未來趨勢

　　歐盟《通用資料保護條例》（GDPR）正式生效，意味著在未來數位權利轉變的問題，對於互聯網企業來說，資料及財富，世界各國也開始紛紛做為參照，應對國內外互聯網資料治理的問題。

　　這也是華為認識到國際發展趨勢，呼籲全球應該加快建立統一的資料標準、並鼓勵推動建設協力廠商資料監管機構，讓隱私、安全與道德的遵從有法可依。

　　在個人隱私權方面，此書提出超級帳戶與萬維網之父、麻省理工學院教授蒂姆‧伯納斯—李（Tim Berners-Lee）一樣的理念，就是建立個人掌握的APP，把個人資料掌握在自己手中。

　　其核心概念是一個個人資料存儲系統，使用者可以將在網上產生的資料，都儲存在自己的 APP中，而不是互聯網公司的伺服器上。這樣的話包含身份證、連絡人、照片和評論等所有資料由個人掌握，使用者可以隨時新增或刪除資料，授權或取消給他人讀取或寫入資料。這樣一來，使用者不再需要以犧牲個人隱私、資料自主權的方式，來交換互聯網公司提供的免費服務。

　　使用者可以將個人APP 資料儲存在自家的電腦或者專門的服務供應商那裡。而每個人或者公司也都可以通過APP開源介面，開發成為個人服務供應商。

　　當然可以按蒂姆‧伯納斯-李（Tim Berners-Lee）教授的方法，個人資料存儲系統 Solid POD，也可以根據本書建議，比如華為開發的晶片與軟體結合的角度，甚至從底層操作OS系統就配合這種角度，做出專業級別的晶片與軟體、作業系統安全體系。

　　對於其資料有自己存儲系統，或者專業協力廠商哪個更加安全、方便，這需要共識討論與互聯網技術標準確定。

11.2 互聯網企業資料權利的未來趨勢

按照歐盟《通用資料保護條例》（GDPR）及美國政府對互聯網巨頭的約束，互聯網企業資料權利將成為未來核心焦點，可能面臨以下問題：

1、具有壟斷性質的互聯網企業，依據個人消費、生活、隱私、存儲的資料及平臺是否屬於公共性權益問題，是否有協力廠商專注資料公司負責，或者協力廠商監督。

2、互聯網企業資料，是否涉及壟斷，遏制創新，與中小企業競爭中的不公平問題。中小企業是否有權利參與互聯網企業資料及聯接提供服務，以什麼方式參與問題。

3、互聯網企業如何獲得個人資料，互聯網企業資料安全，自身權益在以上兩條問題上如何獲得平衡。

便利與簡潔依然是未來個人用戶需求，全場景，無所不在互聯網及雲AI智慧，需要一個資料全場景融合的框架介面，這意味著傳統互聯網巨頭是否開放介面迎接未來，還是被全場景淘汰。

面對複雜的互聯網，未來人們不在乎購買誰家商品、服務，也不在乎在什麼公司就業、生活，但這提出了更高的要求，需要提供產品及服務的公司塑造更有品質場景。

所有這些都需要全場景體系背後提供服務，並打破傳統資料的隔離，融合、重新塑造新的商業價值。

11.3共生社會經濟學原理

我在2018年發表一篇關於共生社會的文章。

華為預測中，提到共生經濟，華為認為：無論處於世界什麼地區、國家，文化與語言是否相通，數位與智慧化將惠及全球各個行業，每個地區、國家、企業都有機會在合作開放中，共用全球生態資源，創造出價值更高的智慧商業模式。

華為打造未來互聯與計算全場景，而本書涉及到的個人APP、數字金融、AI複合體經濟，恰恰是從經濟學角度，從基礎打通個人、各個行業、傳統行業與互聯網企業的邊界，建立更加有效的社會經濟學。

通過這些新的理念，而宏觀經濟學中的凱恩斯主義完全可以通過人工智慧、數位科技與微觀經濟學打通。

這是一場深度經濟學塑造，需要傳統銀行、互聯網、個人信用、工業、農業、醫療、住房、交通、服務業深度融合，重新定位。

如何看待並定義未來，將成為5G互聯網及未來的主要經濟方向。這不僅關係到未來的互聯網經濟、數位經濟、人工智慧、企業的模型，還涉及人們的未來生活方式。個人如何獲益，人與人工智慧、自動化機器之間的定位，這還深刻影響到未來經濟學如何決策的問題。

互聯網、智慧化、人工智慧、區塊鏈、共用經濟每天出現新的熱點。互聯網經濟降低了交易成本，改變了商業生態。傳統商業受到傷害，但增加了運輸、包裝成本，沒有降低對環境污染的影響。

人們又在焦慮，人工智慧的衝擊，好像只有少數人才能獲

利，像谷歌人工智慧打敗圍棋大師，掌握智慧化與自動化的公司會剝奪多數財富。這種生存危急的憂慮，在中產階級中也在蔓延。

2019 年 3 月 12 據騰訊科技消息，美國全球性財經有線電視衛星新聞台 CNBC 的記者大衛·費伯，對近幾年建立千億美元專注人工智慧與未來的遠景基金的軟銀首席執行官孫正義進行了獨家採訪，孫正義認為：

「關於未來三十年，人工智慧將是人類歷史上最大的革命，大量生產工作將有人工智慧完成，如種植蔬菜、捕魚、飼養牲畜，都可以由智慧型機器完成，因為再生能源、電力成本的成本幾乎為零，房子也會因為有人工智慧完成將變得非常的便宜。」

孫正義認為：「在未來人們會有一個基本的收入，可以讓人們生活下去。但最重要的是，要獲得更精彩、更豐富的生活，我們還必須進行競爭。競爭可以獲得更多的刺激，這將是創新和發展的動力。

「人們更多從事喜歡的工作，比如藝術、音樂、娛樂等所有創造性的工作，以及人與人之間的交流。人們將互相幫助。討論問題並獲得啓發。

「在三十年內，事情肯定會變得越來越好。一切都會變得更快，而不會出任何意外。我們將活得更長、更健康。我們過去無法解決的疾病將會被治癒。」

2019年9月26日，在華為深圳總部開啓了與任正非咖啡對話（第二期），「創新、規則、信任」。

主持人：CNBC《管理亞洲》主播 Christine Tan。

除了任正非之外，還有三位嘉賓，分別是：

全球頂級電腦科學家，人工智慧專家和未來學家，暢銷書《人工智慧時代》作者傑瑞・卡普蘭（Jerry Kaplan）；

英國皇家工程院院士，大英帝國勳章獲得者，英國電信前CTO 彼得・柯克倫（Peter Cochrane）；

華為公司戰略部總裁張文林。

關於人工智慧，任正非之前一再表示，在人工智慧面前，5G只是一個小角色。關於人工智慧、美國政府信任、歐盟資料法案GDPR、資料隱私問題，任正非，傑瑞・卡普蘭（Jerry Kaplan），彼得・柯克倫（Peter Cochrane），張文林四位嘉賓進行了高水準的討論。

當主持人與觀眾席媒體提問到，人們擔心人工智慧是否會取代自己的工作，大數據導致人類不平等時？

任正非認為：人類社會今天處在電子訊息技術爆發的前夜。人工智慧在這時，有可能規模化使用，但對社會的促進作用我們不清楚。未來二十至三十年，電子訊息技術會產生突破。

人工智慧給社會創造更大財富。人工智慧會影響和塑造一個國家的核心變數，我們要將其變成國家的發展動力。我認為這個時代的到來給社會帶來繁榮。我們曾經歷工業革命時代，一個技術者只要接受中等教育水準即可，而人工智慧時代需要提升基礎教育的投入。我認為，人工智慧時代能給更多人機會，創造更多財富和機會。

人工智慧會使國家的差距變大，基礎是基礎教育和基礎設施。人工智慧發展需要大型的數據計算系統和連接系統，只有系統、沒有連接，就像只有汽車、沒有馬路，這是不行的。所以，我們要制定規則，富裕國家要幫助窮困國家，使得技術能夠共

用。

彼得・柯克倫（Peter Cochrane）認為：我覺得可以讓人工智慧來決定。目前，人工智慧主要關注的還是任務的處理，我們已經有了通用計算，但人工智慧卻還無法作為一個通用技術來使用。但我希望通過我們的宏偉計畫，從宏觀角度讓大家瞭解這個情況。我們應該怎麼做？首先，我們應該試著打造可持續發展的社會。要實現這一點，我們必須擺脫可以改進和提升現有技術的想法，因為這一想法無法解決問題。我們需要變革，變革涉及生物技術、納米技術、人工智慧、機器人技術以及物聯網技術。

因為任何為未來而生的技術，都需要能夠被回收、改良和再利用，而實現技術編排的唯一方式就是物聯網。此外，我們還要解決一個巨大挑戰。我的看法，那就是我們必須停止為少數人生產越來越多的產品，而是需要開始為多數人提供數量剛剛好的產品。否則，人們就沒法在這個星球上公平、穩定地生活。

這個星球有足夠的資源支撐每個人活下去，但今天的技術會讓我們摧毀生態系統。因此，要實現可持續發展，唯一的方法是改變我們目前的生活和工作方式。

傑瑞・卡普蘭（Jerry Kaplan）認為：簡單來講，人工智慧就是自動化，正如卡爾・馬克思所解釋和理解的，自動化就是替代人力成本。因此，擁有資本的人能夠獲得這項技術的主要經濟收益。和其他形式的自動化一樣，人工智慧也將加劇社會的貧富分化。我們需要做的是不要讓社會政策為經濟服務，而是讓經濟政策為社會目標服務。我們應努力最大限度地提升整體的幸福感，而非只為了少數人的利益創造GDP。

任正非，傑瑞・卡普蘭（Jerry Kaplan），彼得・柯克倫（Peter Cochrane），孫正義在展望未來人工智慧對社會影響

的時，都認識到需要制定新的經濟學規則，來適應未來AI的世界。

對於未來隨著生產力的提高，傳統行業不能提供充分就業，個人無法對抗超級互聯網公司對就業的要求，公眾需要穩定的收益，這需要重新定位人力資源，需要新的組織形式來配合這種轉變，在未來需要專注人力資源服務組織，大部分人可能不在從事於某個具體公司，而是依靠人力資源公司或者組織，參與到生產、服務及分配之中。

過去的二百年，工業與科技的生產力從來沒有產生如此大的影響，但過去社會達爾文主義一直影響著社會學。是否重新認識社會學，從而修正經濟學，也許未來隨著對社會學的重新認識，人類能夠自我設定。

人類社會形成及人類文明，短短幾千年的歷史，在科技驅動之下，世界各國只用一百年左右，生產超越了過去幾千年人類的產品。

人類強大的工業生產能力，還沒有發揮到最大作用，發達國家面臨各種矛盾，很多發展中國家依然在尋求穩定中掙扎。但伴隨著經濟發展、污染、大氣變暖、人口膨脹，地區衝突，全球照樣治理失衡，好像不僅僅是經濟模型出現了問題。

人類社會的工業活動，影響的不僅僅是人類之間，不再是財富創造與財富分配，而是人與環境之間，是人與地球生態體系如何相處的問題。我們需要新的經濟學模型，向生物學界學習新的智慧，重新尋找我們的思維體系。

如果把我們個體，看作整體社會體系的一個細胞，很多事情如何梳理就會一目了然。讓每個細胞公民都受到社會的照顧：個人好比社會中的細胞，生存、供養，讓細胞發揮作用，作為國

家經濟動脈的強大金融血液流經身體的時候，並不是要把營養送給每個細胞，而是通過淋巴系統和其他系統來達到供應，也就是說金融必須要遍佈全身。但是要照顧的是細胞功能群的微觀系統（企業或者企業群），金融貨幣到達每個細胞是不正確的。但是可以讓個人加入微觀群裡（企業或者社區裡），通過貨幣與一種保證系統的交換，使社會實現正常的運轉，比如微觀方面的，就業保障系統、住房醫療保障系統，使其與貨幣交換。而我們的金融系統需要保證金融血液到達每個功能元，也需要對血液進行過濾、再造與兌換。如果把國家或者世界看作是一個整體的生態，一個人的成長，從孩子到長大，社會功能輔助系統必然要發揮相應作用。我們不能捨棄任何一個民眾（細胞），因為他是我們身體的一部分。

每個人都是社會的細胞，每個企業就像社會的大小功能單位。但從目前來看，人類社會的治理智慧，遠遠沒有細胞與人體的協作智慧。

人類社會的演化、發展到現在，有意無意的個體也是社會中的部分，從更多人組成的社會中獲得自己需要的，也通過參與社會活動、勞動，為社會提供自己的能力、資源。社會發展進化到現代社會，像谷歌、臉書、微軟、蘋果、三星，華為、騰訊、阿里巴巴、京東、百度等這樣的大公司正在重新塑造社會。

他們與在傳統行業擁有超級地位的大公司、強大的金融業共同左右著世界經濟。這看上去就像人體中的重要的功能器官，在地區及全球發揮重要作用。

強大互聯網企業、新技術公司、傳統行業巨無霸、金融業，已經強化到社會功能器官的作用。本來屬於世界經濟重要功能單位，卻在社會治理中看上去不那麼對稱，就像人體一樣，不

平衡的發展就會導致出現健康問題。人類智慧足夠的發達，創造技術、互聯網、人工智慧、探索生物與宇宙，但好像在這方面無能爲力。

生物從單細胞進化到多細胞，它們就像人群一樣，它們能夠交流，改變角色，共同合作與分工，體現群體的智慧。當它們形成長期的合作，一個表現整體意識的多細胞生物就誕生了。

生物的演化爲人類社會的進化提供了一些線索與依據。人類從族群到國家，從公司到全球化，很多的行爲與生物群體的進化路線似乎異曲同工。

人類文明，科技發展到現在，已經具有良好的經濟與科技基礎。但國家、公司之間還在用社會達爾文主義的原則。這些消耗過度的資源影響環境，已經開始像霧霾一樣反作用到人類自身。人類已經開始意識到了這個問題，但各個國家、企業、個人，依然以自己利益爲核心。

當然，人類的智慧足夠能夠意識到這些問題，現在的最核心問題是決策。理論研究者提供模型，大企業、國家、社會決策推動力問題，而能夠推動這種機制的過程中，也必然產生新的領袖國家與商業領袖。

NOTE

NOTE

NOTE

國家圖書館出版品預行編目資料

人類AI複合體經濟：全球數據財富權力的深度重塑 / 柳振浩著. --
- 初版. -- 新北市：華夏出版有限公司，2022.01
　　面；　　　公分. --（Sunny文庫；179）
ISBN 978-986-0799-30-9（平裝）
1. 人工智慧　2. 經濟社會學

312.83　　　　　　　　　　　　　　　　　　　110012724

Sunny文庫　179

人類AI複合體經濟：全球數據財富權力的深度重塑

著　　作　柳振浩
印　　刷　百通科技股份有限公司
　　　　　電話：02-86926066　傳眞：02-86926016
出　　版　華夏出版有限公司
　　　　　220 新北市板橋區縣民大道 3 段 93 巷 30 弄 25 號 1 樓
　　　　　電話：02-32343788　傳眞：02-22234544
E - m a i l　pftwsdom@ms7.hinet.net
總 經 銷　貿騰發賣股份有限公司
　　　　　新北市 235 中和區立德街 136 號 6 樓
　　　　　電話：02-82275988　傳眞：02-82275989
　　　　　網址：www.namode.com
版　　次　2022年1月初版一刷
特　　價　新台幣 320 元　　（缺頁或破損的書，請寄回更換）

ISBN：978-986-0799-30-9
《人類AI複合體經濟》由柳振浩授權華夏出版有限公司出版
尊重智慧財產權・未經同意，請勿翻印 (Printed in Taiwan)